破译 Web UI
网页UI设计规范、流程与实战案例

Chuckie Chang 编著

U0264922

人民邮电出版社

北　京

图书在版编目（ＣＩＰ）数据

破译Web UI ：网页UI设计规范、流程与实战案例 /
Chuckie Chang编著. -- 北京 ：人民邮电出版社，
2018.10（2022.6重印）
 ISBN 978-7-115-48286-0

 Ⅰ．①破… Ⅱ．①C… Ⅲ．①网页－制作 Ⅳ.
①TP393.092.2

 中国版本图书馆CIP数据核字(2018)第078372号

内 容 提 要

本书着重讲解 Web UI 设计的原则、方法和应用。按照"知识点分析—知识点深入与扩展—归纳与运用（全面案例讲解）—新技术的拓展"的进阶结构来讲解，让读者能够循序渐进地、更科学地学习。

全书共 9 章，第 1~8 章内容涵盖工作的准备阶段、线框图设计、Web 网格布局、Web 界面设计基础参考规范、Web 界面设计高级参考规范、Web 设计用户体验、Web 界面设计实战和网页设计新趋势（MDL），讲解贯穿实际设计案例，帮助读者梳理工作流，融入设计理论，并教会读者如何思考、如何应用理论，进而能以不变应万变。最后一章对设计师的个人发展提出了一些建议，分享了一些经验。

随书附赠书中核心案例的 PSD 文件，供读者学习、参考。

本书适合有一定 Photoshop 软件基础的设计初学者、相关专业大学生及想要进阶的 Web 设计师阅读。

◆ 编　著　Chuckie Chang
　　责任编辑　杨　璐
　　责任印制　陈　犇
◆ 人民邮电出版社出版发行　　北京市丰台区成寿寺路 11 号
　邮编　100164　　电子邮件　315@ptpress.com.cn
　网址　http://www.ptpress.com.cn
　天津图文方嘉印刷有限公司印刷
◆ 开本：690×970　1/16
　印张：16　　　　　　　　　2018 年 10 月第 1 版
　字数：462 千字　　　　　　2022 年 6 月天津第 8 次印刷

定价：79.00 元

读者服务热线：(010)81055410　印装质量热线：(010)81055316
反盗版热线：(010)81055315
广告经营许可证：京东市监广登字 20170147 号

引言

　　首先感谢每一位读者，感谢出版社编辑给我的指导。编写本书是一次探险，更是一次挑战，我很享受这个过程。本书不会禁锢你的思想，不会教你墨守成规地设计网页界面，但会教你有理有据、有约束地设计美观实用和有商业价值的网页界面，会带给你突破自我的可能，会带给你更明确的职业或非职业发展方向。图书是一种工具，我们都要学会善用它，不要被书本的知识所束缚。本书站在朋友的角度，带你进入美妙的阅读之旅，书中的每一字、每一句都注入了我的心血。用心读完它，你可能会因此爱上网页设计。我真诚希望，你能够主动思考我为什么会写这本书？我为何这样去规划图书的内容？当你能够了解我编写本书的初衷时，你就已经掌握了这本书的精髓了。

　　本书以"学以致用"为核心目标，献给初学网页界面设计、对网页界面设计感兴趣乃至有一定工作经验的网页设计师。在正式阅读之前，得强调一下"界面设计"和"网站/网页设计"的区别。网页设计涉及信息架构、网站结构、可用性、用户界面、用户体验、人体工程学、布局、颜色、对比度、字体和图像，以及图标设计、品牌标识设计、Banner 设计等元素，是一个错综复杂的综合领域，所有这些元素组合在一起形成网站；而通常情况下，"设计"或"界面设计"的含义仅仅指视觉方面。在现实中，网页设计包含更多的抽象元素。

　　本书所有内容都经过作者长期准备，付出了非常多的心血，所有文字都值得读者仔细阅读和品味。我主要运用了独立的思维方式和技巧方法，针对近几年和未来网页设计中的界面设计 (User Interface) 进行细分讲解，并总结了新的全球热门的设计规范和设计趋势，所有的理论都贯穿实践与运用。本书没有篇幅过大的理论知识体系，没有独立的案例体系，目的是让大家边学习边应用，能有效掌握一些重要的技巧和知识理论，为大家进一步深入学习和实践，并且深入互联网的其他相关领域做一个突破口，同时也能让大家拥有判断自己是否应该继续从事本行业的能力。最终，本书会教会大家如何去思考和解决问题，培养对网页设计的热情。

　　值得提醒的是，本书不涉及电商推广营销页、店铺页面、游戏页面、活动专题页、门户网站相关的界面设计。但这是一本通用类图书，也适合以上类型的界面设计学习者阅读，能够大大提高学习者在网页设计其他细分领域的设计能力。

本书将引导学习者使用现代化的方式去工作。设计规范是主线，每一个设计规范都是相当重要的，它们能构建一个符合商业习惯和质量的设计，帮助学习者养成一种良好的设计习惯和思维方式。书中的所有案例均来自作者精选的商业项目和针对性项目，希望这些案例可以给读者带来良好的欣赏体验，提高兴趣和带来启示。

书中的案例都详细阐述了笔者的各种思维和技巧，以及使用的工具和参数等，但并不对每一种工具都做详细的教学，这需要读者具备一定的软件基本功。本书第 1 章将引导读者完成一切准备工作，找到学习目标和方向，掌握必备的基本功。本书并不只是教你怎么做项目，还要讲述设计师对生活情趣的捕捉和态度。

本书中每一句话都是我发自内心的总结，无论你是网页界面设计初学者，还是资深玩家，都值得你去仔细阅读。第 1 章文字量偏多，主要是给读者提供一个学习方向、思维引导和学前预热。当你读完第 1 章，你会掌握不少网页设计的"黑科技"，会提高继续学习后面内容的兴趣和能力，有利于你在学习实践过程中总结和思考问题。

- **以不变应万变。**每个知识点都能够运用到各类项目中。
- **注重设计规范，注重个人习惯。**养成良好的习惯是你未来良好职业方向所必需的基本功。
- **流程模块化。**你可以将所学的知识有所取舍地运用到你的实际项目流程中。
- **高质量的界面设计。**在你有一定的软件基本功的前提下，本书会让你学会如何思考，如何取舍细节，如何提高你的设计质量。
- **学会研究趋势，学会归纳总结，制订适合自己的学习和工作计划。**
- **注重项目的商业价值。**以利益为驱动的学习是具有很高的成效的。

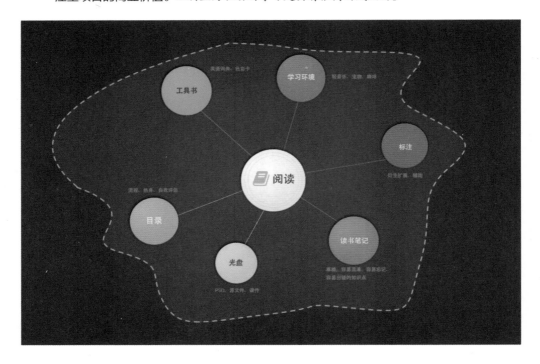

如何使用本书？

目录：首先要了解本书的知识体系。根据目录的引导，你可以给自己的网页设计水平和知识结构做一个定位，以便更好地规划自己的学习时间和精力。

资源下载及其使用说明：随书附赠学习资源，包含书中提到的、可以共享学习的 PSD 源文件及效果文件（因版权限制，部分公司商业案例的源文件不方便提供），这些源文件是非常有价值的，可以用来做对比、参考和分析。读者扫描右侧或封底的二维码即可获得文件下载方式。如果大家在阅读或使用过程中遇到任何与本书相关的技术问题或需要什么帮助，请发邮件至 szys@ptpress.com.cn，我们会尽力为大家解答。

笔记：我是一个记性很不好的人，做什么都要记笔记，特别是在学习的过程中。你不妨尝试，在阅读的过程中，根据自己的需要记录笔记。例如，软件中容易遗忘的工具的使用技巧、容易遗忘的创意方式和思考方式、容易混淆的知识点、容易忽略的设计流程等。我使用了那么多"容易"，其实是让你理解，记笔记需要有针对性，不要盲目花时间。

工作、学习环境：每个人都有适合自己的高效率学习环境，我就特别喜欢听着二次元钢琴曲或游戏 BGM 工作和学习，钢琴曲能阻隔外界的噪声，可以让我思维清晰。大家要找到适合自己的高效学习环境，可以喝着咖啡、听着合适的音乐、抱着可爱的宠物等。电脑是一个会让人分心的设备，所以你可能会需要一些东西来协作。

英文词典：设计过程中难免会遇到一些生僻的英文单词，并且本书中的案例所使用的大部分插件是英文原版，如果你在学习过程中有不明白的地方，还需要你主动利用词典或APP，熟悉那些不懂的单词，这样会有助于你对软件或设计的理解。

标注：书中图片看不清的地方会有文字标注，可以在随书附赠的下载资源中查看高清大图，帮助大家更好地学习本书的案例。

特别注意

作为设计师或开发人员，软件和电脑是必不可少的。应将你的 Photoshop 等软件尽量更新到较新的版本（CC2015 或 2017 版本），并掌握基本的软件操作能力，稍微熟练软件使用技巧，只要书中有实践、有截图的地方，你就要根据情况，打开软件，边看边练习。只看不练，你会很容易忘记软件使用方法的。如果你还没有软件基本功，可以先将这本书收藏，去学习一些软件的使用方法，特别是 Photoshop 基本功要扎实，否则你会跟不上进度。当然，在本书第 1 章，我也会将常用的软件要求都做一下介绍，让你在自学软件时更有针对性，更有效率。

CONTENTS

目 录

CHAPTER

o1

准备阶段　009

CHAPTER

o3

Web网格布局指南　079

CHAPTER

o2

线框图设计指南　031

CHAPTER

o4

Web界面设计参考规范（基础篇）103

CHAPTER

05
Web界面设计参考规范（提高篇）139

CHAPTER

06
了解常用的Web用户体验　159

01

准备阶段

1.1 操作准备

1.1.1 必备的硬件和软件

作为一名专业从事网页设计的设计师或设计开发爱好者，需要配备基本的硬件和软件，如表 1-1 所示。

表 1-1 设计师必备的硬件和软件

硬件	软件	
电脑（必备，推荐苹果）	Adobe Photoshop CC（必备）	
尺子圆规（必备）	Adobe Dreamweaver CC（推荐，用于提高前端协作效率）	
纸和笔（必备）	Adobe Illustrator CC（推荐，用于标准 SVG 图片的输出）	
双显示屏（推荐，用于提高工作效率，可选）	本书不讲解右边提到的软件，但是推荐从事 Web 行业的人士安装	Google Chrome（全球主流核心浏览器，用于前端测试）
手机（推荐，将用于响应式的其中一个测试设备）		Safari 浏览器（全球主流浏览器，用于前端测试）
平板电脑（推荐，将用于响应式的其中一个测试设备，可选）		Firefox 浏览器（全球主流浏览器，用于前端测试）
可以根据自身情况选用其他工具，如数码单反相机、wacom 手绘板等		IE 高版本（全球主流浏览器，用于前端测试）
		IETester（跨版本 IE 浏览器测试）

建议大家在学习本书时边学习边使用电脑（计算机，俗称电脑），否则最终效果可能不理想。笔者比较喜欢 Adobe 系列的软件，本书都是基于 Adobe 软件进行讲解。也有其他用于设计和开发的工具，大家根据个人情况选用软件即可，本书所讲解的思维方式和设计方法可以通用。

1.1.2 工作环境

这里所说的环境既是一个具象的概念，也是一个抽象的概念。环境对于一个人的影响是很大的，笔者认为从事网页设计的环境包含了以下方面。

·**工作环境**：你所在的公司，或你办公的硬件设施条件，是否能够满足你正常的工作、休息、锻炼、餐饮、娱乐、精神等需求。

·**行业市场环境**：你所在的国家和城市对于网页设计的用户需求，以及网页设计的市场份额、技术需求、人才需求、人才分布、就业状况、失业、跳槽等状况对你的职业规划产生的影响。

·版权意识：你所在的国家和城市的不同人群对版权、对创作者劳动成果、对产品许可证等的认知和尊重程度甚至会直接影响你的设计质量、素材来源和从业心态。

·购买环境：网页设计细分领域（界面设计、前后端开发、服务器、空间域名、云计算、SEO、后期维护等）的性价比、供求量、转化率情况对你的决策、发展方向、生存现状可能产生影响。

·团队：团队内部人员之间的协作、社交、分享、竞争等一系列人与人之间的问题可能会给你带来困惑。

·公司文化：一个企业在经营发展过程中可能会对员工、产品、团队、市场、行业产生的利弊。

1.1.3　知识储备

当然还存在其他影响你从事网页设计的因素，它们都会对你的学习工作和生活造成很多影响，甚至涉及你未来的职业选择。

如果你所处的环境比较差，不要灰心，你可以想办法为自己创造较为良好的环境，以更好地学习和工作。总之，任何人都不要小看周围环境对自己的长期影响。

其实网页设计这一行业在全球的受欢迎程度是很高的。可能你是初学者，可能你不知道如何设计好网站，因此你需要深入了解网页设计的项目准备工作，这也是进一步学习本书而需要具备的知识储备，可以帮助你更好地消化内容，提高你的网页设计技巧。

在这个行业，你不一定要知道一门编程语言。当然，如果你有能力学习掌握一门或多门编程语言，就能够更好地设计一个网站、把控一个项目，更好地处理协作问题。互联网已经是一个多元化行业，无论是 UI 还是 Web，行业本身已经多元化，对从业者的能力要求只会越来越高，竞争只会越来越激烈。本书专注界面设计，下面列出的是一些与网页界面设计密切相关的知识，由于体系庞大，这里只是点到为止，作为大家预热和思考的切入点。

·学习目的：学习网页界面设计是为了工作、兴趣爱好或副业，还是作为其他行业的辅助工具？

·软件工具：熟悉并掌握各种软件，是否就能做出漂亮的、有商业价值的网页界面？你是否了解软件之间如何协作、如何更好地提高设计质量和效率？

·编程语言：是否需要学习 HTML、CSS、JavaScript、jQuery、XML、PHP 等编程语言？如何规划学习时间？如果只是单纯 UI 设计，如何与开发人员协作？设计过程中如何降低返工率？

·用户体验：这是一个很抽象的概念。设计过程看似简单，其实很复杂。看似复杂，其实也没有那么复杂。你的设计所面对的用户群体是哪些？是否能让用户喜欢？是否能让用户正常、方便地使用？你是用什么样的方式传达你的设计思想？你的设计如何表现细节，如何从细节上提升用户体验？这些都是用户体验需要考虑的问题。

·交互设计：这也许是一个更加抽象的概念。你是否能理解用户与你的设计之间的关联？交互设计过程中的用户体验因素如何影响你的行为？如何衡量自己设计的产品的界面美观程度、功能、可用性、情感等因素？

·移动网页：是否能够理解 APP 和 Web 语言的关系？是否能分清响应式设计和自适应设计？如何设计移动网站界面？响应式网站的必要性和市场需求是怎样的？

·运营推广：个人网站、企业网站、产品网站分别是如何运营和推广的？你的设计的商业价值何在？假如没有商业价值，如何去转化？作为公司或个人，在处理设计时的流程和态度，会有什么不同和可能性？

前面提到的知识大多比较抽象，笔者只列出了一部分经常会思考的问题，为大家提供一个思考的方向。这是一个非常漫长的积累过程，它们和界面设计、整个网页设计领域，甚至跨领域，都是息息相关的。重要的是我们应该如何思考，如何利用搜索引擎和相关图书解决这些问题。本书会有少量内容涉及这些比较抽象的问题，由于它们涉及的知识体系非常庞大，也没有必要在本书中着重讲解。利用每一个知识点，都可以编写出一本甚至多本专业图书，如果大家对这些知识的深入研究感兴趣，可以利用其他渠道专门学习。

1.2 软件必备知识

1.2.1 了解Photoshop

● 为何首选Photoshop设计网页界面

设计网页界面的工具多样，如 Sketch、Photoshop、Illustrator、InDesign 等，还有类似 Wix 的线上平台。那么对于网页设计，到底什么样的工具更高效、更有优势呢？笔者推荐 Photoshop，那么就让我们一起来了解为什么这款软件能脱颖而出。

第 1 点：与前后端开发人员更好地协作（重中之重）。如图 1-1~ 图 1-4 所示，从软件界面中可以清晰地看到各种参数。

图 1-1

图 1-2

图 1-3

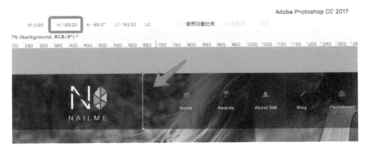

图 1-4

第 2 点：不需要编写代码即可设计网页效果和概念图。

第 3 点：能够快速导出网页所需的资源和素材。

第 4 点：适配不同设备的屏幕尺寸，如图 1-5 所示。

图 1-5

第 5 点：方便展示不同的 Web 改编版本，如图 1-6 所示。

图 1-6

第 6 点：基本的原型准备，如图 1-7 所示。

图 1-7

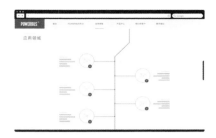

图 1-7（续）

第 7 点：能够通过视觉传达直观地获得用户反馈，找出设计缺陷，展示设计效果。

第 8 点：能够更方便地处理网页所需要的图片、图标、特效和字体。

第 9 点：代表了一种新的工作流程的升级和演变。

● Photoshop CC版本的优势

　　有的人比较懒，或者不想接受新事物，不想学习新功能，甚至很多年过去了还在使用老版本的 Photoshop，但是每一款软件升级都会有它的必然趋势和优势。作为一名设计师，我们不能将"趋势"丢于千里之外，软件趋势、市场趋势、设计趋势、技巧趋势，这些都是需要我们发现并接受的。使用高版本的 Photoshop，不仅仅能够提高我们的工作质量和效率，还能够改善我们的思维方式，养成好的设计习惯。下面，我们来看看较高版本 Photoshop 的一些容易被忽略的技巧。图 1- 8 所示为 Photoshop CC 2017 的初始界面。

图 1-8

第 1 点：支持不同设备分辨率选择，提高准确性，如图 1-9 所示。

图 1-9

第 2 点：支持字体收藏选项，极大地提高设计效率，如图 1-10 所示。

图 1-10

第 3 点：更加稳定地支持矢量图 svg 格式直接导出，如图 1-11 所示。

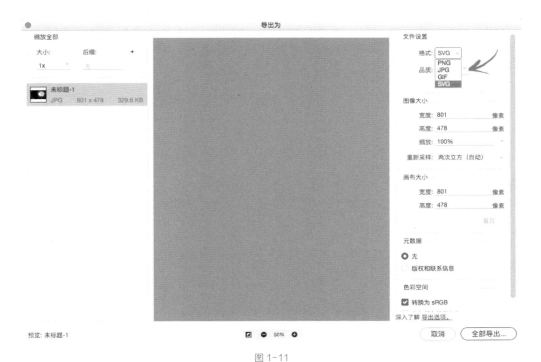

图 1-11

第 4 点：默认附带更强大的参考线网格系统，避免出现新版本软件不支持常用网格插件的问题，如图 1-12 所示。

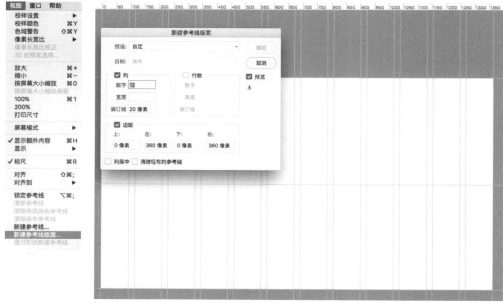

图 1-12

第 5 点：可以智能识别并匹配图片字体，如图 1-13 所示。

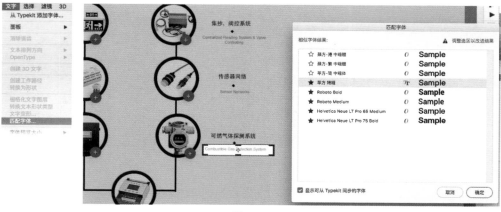

图 1-13

第 6 点：可以建立多个画板，简化设计过程，加强对比，如图 1-14 所示。

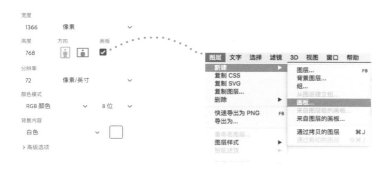

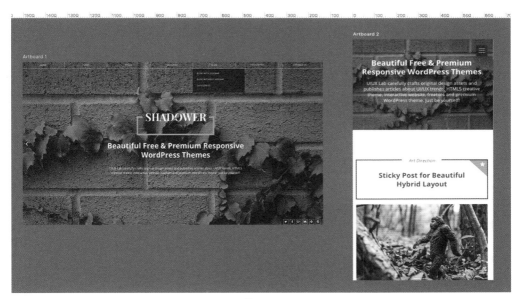

图 1-14

● **需要熟悉并掌握的Photoshop CC工具和技巧**

以下列出了学习本书所必须掌握的 Photoshop 基本功能和常用的一些工具，就不做截图介绍了，大家很容易通过其他渠道找到和学习这些基本功能，本书只是点到为止。希望基本功不够扎实的读者按照下面列出的内容进一步学习。

· 熟悉 Photoshop 面板，以及菜单栏、属性栏、工具栏的位置和名称。

· 熟练使用形状工具。

· 熟练使用颜色填充、选区工具。

· 熟练使用钢笔工具。

- 熟练使用图层、图层选项和图层的混合属性。
- 熟悉图层叠加模式。
- 熟练使用蒙版和调节层。
- 学会使用参考线和参考线网格。
- 熟悉 Web 图片格式的输出。
- 熟悉压缩 PNG 图片的方法（Mac：ImageAlpha；Windows：PNGoo）。
- 熟悉文本工具及其属性，包括字符样式、段落样式的使用。
- 熟悉字体属性面板。
- 熟悉对齐工具的使用方法。
- 熟悉色板的新建和使用。
- 熟悉自定义填充形状的使用。
- 熟悉基本的画笔工具的调节和使用。
- 熟悉基本的饱和度、色阶的调节。
- 熟悉快速选择当前图层的技巧。
- 熟练使用快速切换文本工具大小写的快捷键（【Ctrl+Shift+K】键）。
- 熟悉其他常用快捷键，学会自定义快捷键、自定义工作面板，提高设计效率。

1.2.2 切图技巧

Dreamweaver 一直受开发者青睐，它具有非常强大的功能和扩展性，给前端和后端开发人员提供了很多便利。我们创作设计稿，都需要考虑如何与 Dreamweaver 协作，如何切图以供 Dreamweaver 使用。这部分我们将分别讲解 Photoshop 和 Dreamweaver 两个软件的切图技巧。

● 使用Photoshop高效切图

网页界面，单独来看它是不具备商业价值的。任何网页都是需要浏览器或其他设备来供用户浏览和使用的，因此 UI 设计师应该时刻考虑与前端的协作问题，考虑设计是否适合切图、是否利于开发和扩展、是否适合响应式。

网页设计发展很迅速，各种各样的高端技术都可以运用到网页设计上，那么响应式设计自然是一个最基本的、必须满足的设计需求。现在无论设计哪种 Web 界面，都必须考虑不同设备不同分辨率的效果和兼容性，只顾 PC 的时代已经过去。但是，在项目中为所有图像创建众多不同的分辨率版本可能会是一项艰巨的任务。笔者根据自己的经验，列出了一些 PSD 文件与 Dreamweaver 协作的处理方式。

本书中讲解 Dreamweaver 的协作，是希望能够扩展大家的思维，能够帮助大家更好地运用 Photoshop 设计实用的界面，而不单纯只是设计一个漂亮的界面。当然，这并不是要求大家一定要会使用 Dreamweaver，或者一定要学习编码。以下列举的几个方面，是笔者认为比较高效、准确性高的切图方式。以前我们可能会使用 Photoshop 自带的"切片"工具，但是其实我们需要更有针对性地进行切图。建议将以下示例中的所有重要数值整理成一个 txt 或 word 文档，以便更好地让开发者参照。

01 选中当前图层，单击鼠标右键，选择【快速导出为 PNG】或【导出为】菜单项，单独导出图像，常用 JPG、PNG、SVG 格式，如图 1-15 所示。

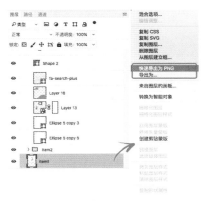

图 1-15

特别注意

　　如果当前元素由多个图层组合而成，应该同时选择这些图层，单击鼠标右键并选择【转化成智能对象】，再使用快速导出功能。

　　如果不合并为智能对象，可以使用【剪裁工具】，单独储存为图像（此时文档已经被剪裁，不要保存 PSD 文件），储存图像后"后退"一级，恢复到剪裁前的文档。

　　直接通过图层选项快速储存的 PNG 格式图片，可以使用第三方软件进行压缩（Mac：ImageAlpha；Windows：PNGoo），或者使用在线平台 TinyPNG 进行压缩。

　　直接通过图层选项快速储存的 JPG 格式图片，尽量再次使用 Photoshop 自带的【存储为 Web 所用格式】功能进行压缩。

---

02 使用【标尺工具】精确测量需要用到的尺寸，记录数值，如图 1-16 所示。

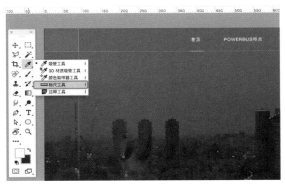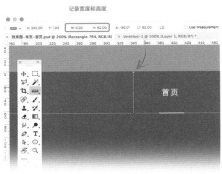

图 1-16

03 使用【吸管工具】取色，并记录色彩值（必要时应该记录 RGB 值），如图 1-17 所示。

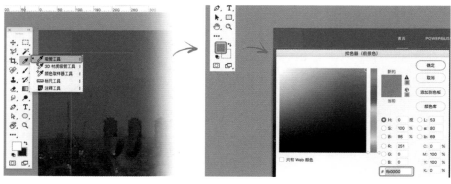

图 1-17

特别注意

选择【吸管工具】，用鼠标左键单击不同的色彩，在【颜色】面板里也会有显示。

---

04 选中当前图层，单击鼠标右键复制 CSS 样式，然后粘贴于文本框中，记录图 1-18 所示的数值，供前端开发人员使用。如果你不太清楚记录哪些数值，可以直接将代码记录下来提供给开发者参照。

图 1-18

特别注意

尽量使用形状工具绘制图层。如果存在图层样式，不要转化成智能对象，否则无法读取正确的 CSS3 数值。

● 使用Dreamweaver高效切图

前面我们使用的是 Photoshop 软件来获取切图信息，以下我们将使用 Dreamweaver 来获取 PSD 文件的信息。前提是我们需要将 PSD 文件上传到 CC 库中。由于我国的网速不一定能够满足每一个设计师，可能存在上传错误或无法上传的问题，但是使用 Dreamweaver 快速读取 PSD 信息的方法，还是值得大家学习了解的。

01 从菜单栏的【窗口】中打开 Dreamweaver 的【Extract】（提取）面板，我们可以看到官方默认的 PSD 演示，如图 1-19 和图 1-20 所示。

图 1-19

图 1-20

02 定位到 PSD 文件的图层，可以看到详细的数值信息，如图 1-21 所示，这些信息都可提供给前端开发人员使用。

03 上传 PSD 文件后即可使用提取功能，如图 1-22 所示。

图 1-21

图 1-22

特别注意

如果需要深入了解提取功能细节，可以参考 Adobe 官方指南。

1.2.3 文档标注技巧

在文件交接过程中，我们通常需要对设计图进行标注，配合我们的切图来帮助前端开发人员完成工作。每一个界面设计师都希望成品网站能够高度还原自己的效果图，但是往往事实并不是如此。理想很丰满，现实很骨感，这就要求设计师和开发者有更好的协作能力。

对于标注，如果单纯使用 Photoshop，效率会比较低，而且很不方便。我们可以使用一些第三方软件或云平台帮助设计师进行标注。笔者推荐 Assistor PS 这款第三方应用，它能够兼容最新版本（CC2017）的 Photoshop，而且效率极高，对于一个热衷于 Photoshop 的设计师来说，是最好不过的选择。Assistor PS 拥有多种功能，这里我们只需要掌握它的标注功能即可，其他功能一般是直接使用 Photoshop 来完成。

01 首先下载并安装 Assistor PS，然后打开 Photoshop 软件，如果成功兼容，可以看到操作面板，如图 1-23 所示。

图 1-23

02 选中一个或多个要标注的图层或文件夹，用鼠标左键单击【Size】按钮，即可标注对象的尺寸，如图 1-24 所示。

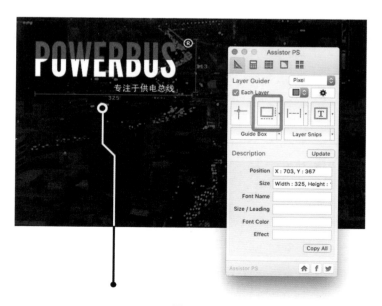

图 1-24

03 选中要标注的图层或文件夹，用鼠标左键单击【Spacing】按钮，即可标注对象到画布边缘之间的距离，如图 1-25 所示。

图 1-25

04 选中要标注的文字图层，用鼠标左键单击【Type info】按钮，即可标注文字的详细属性，如图1-26 所示。

图 1-26

这里还介绍一种笔者自己的标注方法——使用灯箱效果来标注图片，这种标注方法也很简单，直接使用 Photoshop 的线条和文字工具即可，如图 1-27 所示。它有以下几个优势。

· 此方法适合多种人群浏览，适合与客户沟通，适合与开发者协作。

· 不影响原效果图美观。

· 可以添加交互文字、说明等，扩展性强。

· 可以用于对比不同版本的文档标注。

· 配合 Assistor PS 标注自动生成的图层，可以更好地标注你的设计。

学习到这里，你已经迈出了重要的一步，虽然第 1 章更多的是引导，但是你有没有发现，其实你已经学会了不少 Web 设计技巧，学会了新的思维方式和工作流程。是不是很令人开心？

基本功扎实了，你还有什么理由不继续学习？别急，本章还有几个知识点，对你在学习后面的核心内容的自我定位，以及对网页设计的目标定位有很大的帮助。前面的内容是基本功预热，那本章剩下的内容就是思想预热。

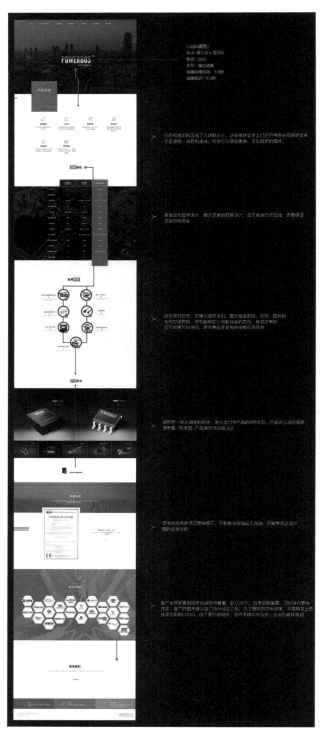

· 图 1-27

1.3 职业需求

1.3.1 就业方向

　　说到学习，我们不得不再一次思考：学习是为了什么？为了提升自己所欠缺的技能，为了找到一份合适的工作，为了培养自己的兴趣爱好，为了赚更多的钱享受更好的生活，为了实现自己的小小梦想，为了扩大自己的眼界、增长自己的见识，为了扩展人脉……无数的理由，让我们不得不学习，不得不持续学习。那么学习网页设计是为了什么？学习本书能够得到什么样的职业引导？网页设计，并不是仅限于表面上的设计职业和开发职业，你可能不知道它会对其他类型的职业产生多少影响、会给从事不同职业的人带来什么惊喜，那么笔者就根据自己的经验，给大家做一个列表。

　　· 你可以在政府机构从事政府门户网站的设计、开发、维护、编辑等从基层到核心的工作。

　　· 你可以去一个公司，无论公司规模大小，做你想做的设计和开发。当然由于诸多因素的阻碍，你也许不会顺风顺水，没关系，这都是一个必经的过程，不断地改稿，不断地推翻，又不断地获得项目经验。

　　· 你可以开一个店铺，做自己的产品宣传设计，开启自己的电商之旅。

　　· 你可以加入全球顶尖的团队，与他们一起共事，参与头脑风暴，体验更加科学、先进的工作流程，得到更加优秀的导师指导，学习更有意思的 Web 技术。

　　· 你可以做一名自由职业者，做自己的产品，销售全球。

　　· 你可以为企业、个人、机构做咨询或远程服务，做一名专业的 SEOer。

　　· 你可以做一名专业的前端工程师，做无数开源框架，服务无数人和企业。

　　· 你可以做一名专业的后端开发工程师，实现别人无法做到的功能。

　　· 你可以做一名 APP 开发者，使用先进的 HTML5 技术和成熟的开发框架，一样能够驾驭 APP。

　　· 你可以从事养生、餐饮等非互联网行业，建立个人或产品网站，获得更多的机遇和推广渠道。

　　· 你可以做外贸，加入到全球领先的 Web 交易市场阵营中。

　　· 你可以从事 Web 教育培训行业，传达你的思想和梦想，展示你的技能，让更多人得到帮助。

　　· 你可以从事你喜欢的游戏行业，做你想做的酷炫的游戏界面。

　　· 你可以做一个懒人，做着其他工作，用着自己设计的个人网站，写点儿博客，记录生活点滴。

　　· 你可以在非互联网公司工作，为安踏、阿迪达斯、奔驰等品牌的产品做 Web 创意设计。

1.3.2 岗位能力分析

每一种行业竞争压力都很大，行行出状元，行行都有一本难念的经。互联网领域发展迅速，据互联网大数据统计，UI 设计行业已经是竞争压力的"佼佼者"，加上良莠不齐的各种培训，每个企业对人才的要求愈来愈高，条件也愈来愈苛刻。我们在自我定位时一定要多一些心眼，增强自己的综合能力，提高应对问题的能力。通常下面的这些能力对于 Web 从业者是比较重要的，其中也涵盖了职场中大部分的基础综合能力。

- 首先你得热爱这个行业。
- 熟练掌握常用软件，不仅限于设计类软件，应会使用能够提高工作效率的各种软件。
- 有良好的设计、编码习惯，具备良好的设计功底和审美功底。
- 要学会站在用户的角度想问题，注重用户体验，使自己的设计可用、易用、实用。
- 永远都以用户为核心而做设计。
- 了解信息架构、用户界面、交互设计、品牌宣传、云平台、自媒体等与 Web 相关的现代化知识。
- 有总结和分享的能力，有良好的的团队协作能力。
- 对全球趋势、设计趋势、新技术有良好的洞察力。
- 熟悉常用的设计规范和工作流程。
- 尽可能地提高自己的美术能力。
- 尽可能掌握适当的编程语言专业知识，包括 HTML、CSS、JavaScript 等。
- 尽可能培养自己的学习能力（包括自学和向别人学习的能力）。

经过几年奋斗，你或许只有几个方面能满足要求，但是不要紧，就连笔者也一样，笔者并不能掌握非常多的东西，因为没有足够的时间和精力去学习太多的东西。我们要做的，无非是找到自己的方向，根据这些综合能力要求，学会取舍，尽量将自己的某一方面做精做好，但是不要放弃综合能力的培养。

有人说："什么都会，意味着什么都不会。"我并不认为这句话是正确的，这句话很极端。每个设计师都需要有自己最擅长的技能，有自己的眼界。我们学习更多。了解更多，也许是现实所迫，也许是我们自己丢弃不了心中的梦想，丢弃不了那颗想努力的心。越来越多的企业、越来越多的项目，都需要你的综合能力。单纯设计界面，并不能够减轻你的压力，反而可能会增加未来的压力。

1.3.3 未来规划建议

关于职业和就业需求，其实本书"1.3.1 就业方向""1.3.2 岗位能力分析"已经讲解得很清楚了，那么笔者为什么还要编写所谓的规划和建议呢？大家可以继续读下去。

- 身体

  健康的身体是做任何事的保证，学习过程中千万别忘记锻炼和活动筋骨。同时锻炼能够活跃你的脑细胞，给乏味的学习和工作带来很大的帮助。

- 目标

  给自己制订一些目标，无论大小都可以。拿一个 FWA 奖项，参加一次设计比赛，接一个外包项目，做一次自由职业，玩一次威客等，都可以让你在学习过程中提高兴趣和激情。如果没有目标会很难坚持，毕竟国内的网页设计市场环境并不是很理想，有时候还很混乱，这就要求每个设计师要擦亮自己的双眼，制订合适的目标和学习计划。

- 成就感

  对于笔者来说，Web 给自己带来了很多成就感。第一次做个人博客，第一次获得设计奖状，第一次成功完成整个项目，第一次个人网站被知名平台推荐，第一次学习编程……笔者很快乐，网页设计一直陪伴自己到现在。不断追求新的设计方向，也是为了能够更好地驾驭自己的未来，不要让自己后悔。如果你也能像我一样，找到你做 Web 的成就感，你会豁然开朗。

1.4　学习目标

学习本书后，你应该能够做完以下几件事情，这就是笔者给大家制订的学习目标。每一章的结尾都会有一个小测验，大家读完每一章，花一点儿时间和精力完成测验。当你完成所有测验时，再回头看看这张表格（见表 1-2），确认你是否完成了本书的学习目标。不可以忽视小测验哦，因为实践才是检验真理的唯一标准，光看无用，只有动手才能够掌握本书所传授的技巧和知识理论。

表 1-2 学习目标与说明

名称	说明	建议设计时长
个人网站	为自己设计一套个人网站界面，并用最简单的方式将它部署到服务器上，使你的网站能够通过域名访问。 本书第 7 章会讲解详细的制作过程	两个星期内
临摹 1~2 个案例	能够临摹第 2 章、第 7 章中的核心案例。如果你不具备临摹能力，则说明你的软件基本操作不过关。 本书附带的下载资源提供了部分案例的 PSD 源文件和高清效果图，能够帮助你更好地完成这个艰巨的任务	每个案例不超过 1 个星期
运用设计规范，独立创作一个简单的界面	尽量熟悉"目录"中的设计规范，能够说出大多数常见的规范名词：如字体、安全宽度、分辨率、栅格（网格）、色彩、可读性、留白等。对于常用规范的应用，需要长时间练习和积累，本书只要求大家有一个清晰的思路，能够知道规范对网页设计的意义 完成本书重要章节的案例测试	1~2 个月
完整实践一个项目	选择一个核心案例，按照制作的流程从头至尾走一遍。熟悉一整套网页界面设计的流程和思考方式，将自己当客户，熟悉现代化的设计流程。 注意保存完整的文件，作为自己的一个项目而保留	1 个月
赚取你的第一桶金	针对初学者，通过本书引荐的方式方法获得一笔收入。 本书最后一章会讲解	1~3 个月

1.5 基础技能自测

已经到了本章的结尾，相信大家已经了解了一些设计和思维上的小窍门。我们将在后面的内容中，按照流程和规范来实践理论知识、技巧和思维方式。本章最后，大家需要花一点儿时间完成本章小测试，让自己更好地消化本章内容，为继续学习做好准备。

测试时间：

不限。

测试内容：

1. 安装或更新 Photoshop、Dreamweaver 至最新的版本（推荐 CC2017）。

2. 创建适合自己的 Photoshop 工作面板，可以包含自定义的快捷键。

3. 熟悉本章中提到的 Photoshop 基本操作要求。

O2

线框图设计指南

2.1 线框图的重要性

2.1.1 线框图概念理解

● 概念

　　线框图，英文为 Wireframe 或 Wireframing。本书所说的线框图是指在网站设计（不仅仅用于网页界面设计）中对网站结构和层级关系做出表现的一种方式。它一般用来布置内容和功能，满足用户的页面浏览需求。

　　线框图设计一般在视觉设计前期进行，是在添加完整的视觉设计和网站具体内容之前所做的工作。实际工作中，设计会受诸多因素影响，如产品经理、客户、素材、灵感、团队、项目需求等。项目需求的变化、人为主观因素的变化也将导致稿件的多次修改。那么线框图是否能作为一个节省时间的前期沟通工具呢？事实上线框图一般不作为与客户沟通的工具，因为它在细节上可以和最终的设计媲美，需要花大量的时间和精力去制作，与客户前期沟通时建议使用简洁的交互原型图。在本章后面的内容中，大家会学到如何做一个交互原型图。这里推荐大家直接使用 Photoshop 设计线框图，不要将它当作是"草稿"，这一步是为了减少重复设计，方便直接将线框图应用到视觉设计阶段。图 2-1 所示为最终的线框图效果。

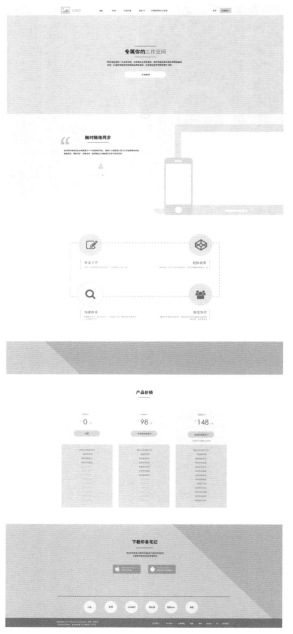

图 2-1

- 掌握线框图设计的好处

　　设计线框图是一个可选工作流程，设计师可以根据具体的项目进行取舍。设计过程中不要求大家一定要使用线框图来进行视觉设计，但线框图的制作具有以下几个方面的价值。

- 养成良好的设计习惯，好的设计习惯能给你未来的工作创造更多的可能。
- 线框图也反映了现代化的工作流程，能够让你学会更多的 Photoshop 技巧。
- 作为视觉设计的一个起点，能提高后期视觉设计的便利性，提高设计质量。
- 能够灵活更换不同的图片、文字，节省试错的时间。
- 可以快速调整整体布局，不会因为复杂的设计元素造成调整过程中的浪费。
- PSD 文件可以直接用于后期的视觉设计阶段。

> **提示**
>
> 使用Photoshop设计视觉稿时，线框设计也是必经的阶段，所以不妨就将线框图当作设计的一部分。

2.1.2　与原型图的关系

　　既然提到线框，就再说一说原型（Prototype）。简单通俗地讲，原型可以理解为是一个功能全面的产品的"工作和演示"模型。原型在不同领域（如心理学、文艺创作、机械设计制造）的概念也不是一致的，本书只针对 Web 设计的原型做一个简单的解读。在实际工作中，需要将网页界面变成可以使用的代码，通过浏览器和电子设备去访问和使用。单纯的界面其实是没有可用性的，所以我们必须考虑配合前端和后端开发人员的工作，还要考虑配合产品经理等工作。市面上已经有很多成熟的原型图制作工具。

　　一个完整的网站，需要经过设计，经过前端耐心的打磨。虽然目前很多制作网页原型的工具很强大，但由于越来越多的网页的定制化需求增多，原型工具直接生成的项目不能给开发人员提供可行性和可扩展性极强的代码，这就会造成返工。所以笔者并不建议使用工具直接生成 Web 项目原型，虽然它可以点击，有交互动画，但是最终要提高项目质量，前端工程师还得重新去选择框架、重新编码。在一些云端工作非常成熟的企业，它们会有自己的协作工具，有匹配的原型生成工具，这种情况使用原型工具是非常具有优势的。

> **提示**
>
> 不建议使用原型工具设计网页的原因，是因为现在很多网页需求可定制化要求都非常高，原型工具不一定能满足各种定制化需求。优秀的原型工具也是可以尝试的，推荐大家使用 InVision，它能给用户提供高质量的 Web 和 mobile 产品原型。

大家注意，这里要区分"原型""原型图"和"交互原型图"。原型的知识面比较广，想深入了解可以找相关的专业图书和知识内容进行学习。这里讲述的原型图是专门针对 Web 设计前期的一个对网站总体的模型构想图，书中也称其为"交互原型图"。针对 Web 设计，设计时需要有一个人机交互的思想，如何将设计运用到实际操作中，如何面对用户，这是设计师需要考虑的问题。但是单纯地使用图片很难直接表达自己的想法，使用一些可以生成代码的原型工具，会由于操作不方便及一些局限性，阻碍设计师的设计思想。而"交互原型图"就是使用图片序列，来表述对网站的交互设计思想的一套图片。本书的"原型图"和"交互原型图"实际上是一个概念。其他领域的原型图和原型不一定和网页设计领域一致，大家应该具体问题具体分析，不要一概而论。在这里讲解原型的一些零散的概念，是为了让大家更好地理解原型和线框的区别和联系，有一个更灵活的意识去做界面。

在实际运用中，经常会有将原型图与线框图放在一起表述的情况，大家只要合理地理解它们的关系就可以，它们之间并无明显的概念对错。在 Web 设计过程中，为了提高效率和质量，减少返工率，也经常会将线框图和原型图搭配在一起使用。

其实线框图和原型图在工作流程和需求上有很多类似之处，主要区别在于功能。下表详细列出了它们的区别。

表 线框图和原型图的区别

	线框图	原型图（交互原型图）
使用范围	视觉设计阶段的框架、构图、信息分布、设计规范等	视觉设计或线框图设计前期的网站模型构想、人机交互构想序列图
突出特点	可以大幅度提高视觉设计的质量和效率，使视觉设计过程更加灵活	非常适合与客户、团队的协作沟通，快速、高效，是一种很好的沟通工具
功能性	可以直接用于视觉设计 PSD 文件	可以表现复杂的功能和交互，用于可用性测试

这里介绍一种"交互原型图"，它常用来与客户沟通，用作设计效果的展示及线框图设计的工作模型，它能够反映设计者的设计思想及页面交互行为。它不能够直接用作线框图设计，而是作为一个参考和沟通工具来使用。本书介绍的交互原型图也属于设计草图的范畴，但是由于纸张的表现力不够，而且我们需要构建一个演示模型，所以笔者比较推荐使用这种方法。如果大家觉得这种称呼不习惯，可以叫它草图，也可以叫它原型图。图 2-2 为商业项目的初期沟通用的交互原型图，它有以下几个特征。

- 直接使用 PSD，便于修改。

- 分屏，能够更好地表现网站的动态效果。

- 使用简单的形状和色块替换可变内容，节省时间，利于思路的扩展。

- 能够更好地将前期的设计思维传达给客户，提高过稿率，减少后期设计阶段返工的可能性。

- 直观大方，可以在任何地方增加注释。

- 使用现成的 PSD 模板，节省基本原型的制作时间。

提示

这种交互原型图没有什么复杂的技巧，只要具备 Photoshop 的基本操作能力就可以制作，在本书中不做步骤讲解。本书附带交互原型图制作的 PSD 模板，大家可以直接在未来的项目中使用。因为图 2-2 比较长，从书上很难看清楚细节，可以在配套的下载资源中查看此交互原型图的高清大图。

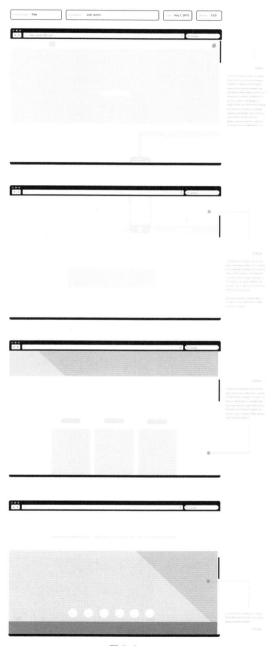

图 2-2

2.1.3 与效果图的关系

这里所说的效果图，就是在线框图基础上进行的比较具体、完整的视觉设计。它反映了一个网站的所有细节：品牌标识、文本样式、导航菜单、Head、Footer、色彩关系、字体、布局等，甚至是比较抽象的用户体验、页面操作流程、交互效果、行业特征、目标人群特征等。

图 2-3 所示的效果图与图 2-1 相似，是线框图的具体视觉表现。在下一章中，我们会通过设计规范，来具体讲解实际操作和技巧。

图 2-3

2.1.4 与设计软件的关系

线框图的设计工具软件多样，可以是Photoshop，也可以是Illustrator、OmniGraffle、Indesign、Fireworks、ProtoShare、Word，还可以是其他的非主流软件。专业的设计师推荐使用Photoshop，当然并不是只能用Photoshop，你甚至可以搭配其他软件，协作设计。而使用Photoshop有以下一些原因。

· 可以自定义字符样式、段落样式、图层样式等，并重复使用它们。

· 很容易修改、移动或缩放任意图形对象。

· 容易在最少的细节设计阶段调整布局。

· Photoshop在图形处理方面具有强大的性能，可以对色彩、图形效果做多种模拟。

· 可以直接用作视觉设计的PSD正式稿，而不是单纯作为参考。

如图2-4和图2-5所示，图中将设计中常用的字符或段落样式都储存为模板，以供重复使用，大大提高了设计效率。真正做设计时，网站线框图设计是一个必须的过程，大家不妨尝试用这种方式去设计界面。从Photoshop菜单栏中执行【窗口→字符样式/段落样式】命令，打开对应的面板，即可编辑自定义样式，然后直接选中文本图层即可快速应用效果。在创建线框图的实际操作中我们会详细讲解此功能。

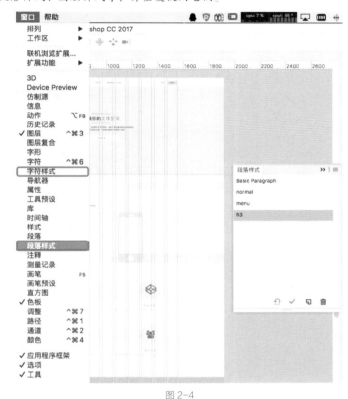

图 2-4

图 2-5

2.2 自适应设计与响应式设计

2.2.1 对比

自适应设计和响应式设计这两个概念非常容易混淆，本书不强调去死记硬背，因为很多和设计和思维相关的专业词语，就算大家记得再滚瓜烂熟也没有任何价值。最终，实践才是检验学习成果的唯一标准。为了让大家更好地理解这两个概念，这里只给出它们的对比方法。

自适应网页设计（Adaptive Web Design），简称 AWD。
· 有可能会针对移动端用户减去内容或功能，使用不同的 URL 前缀，如亚马逊、淘宝等。
· 偏向以桌面为中心的 Web APP，可以使用硬件辅助，符合一些现代的用户体验方式。
· 速度有优势，增强了用户体验。
· 量身定做，制作成本高，后期维护成本高。

响应式网页设计（Responsive Web Design），简称 RWD。
· 倾向于只改变元素的外观布局，而不去大幅度改变内容，依赖屏幕尺寸来改变视觉展现方式。
· 使用同一个 URL，符合搜索引擎友好习惯。
· 仍然是 Web 设计的流行技术。

再说简单通俗点儿：

Adaptive = Devices（自适应是对于设备而言）。

Responsive = Dimensions（响应式是对于尺寸而言）。

2.2.2 运用

自适应设计和响应式设计有个共同点：都是基于不同的屏幕尺寸和屏幕分辨率来设计的。本书基于界面设计，是按照 Web 的分辨率标准去设计不同尺寸的界面。为了让大家更好地理解和运用，首先大家务必使用 Photoshop CC 的软件版本，它可以直接选择相应的 Web 尺寸和分辨率，设计师可以在软件默认尺寸选择的基础上加以扩展和运用，这样能够避免各种知识和参考带来的迷惑。

在【新建文档】窗口有照片、打印、图稿和插图、Web 等类型的尺寸供选择，大大提高了设计师建立画布的准确性。当新建一个文件时，即可选择对应的尺寸，以满足不同的界面设计需要，如图 2-6 所示。

图 2-6

当然，如果大家不使用默认的 Photoshop 尺寸，可以参看本书第 4 章中表 4-1 和表 4-2（分辨率及尺寸参考数据）进行尺寸设置，表格中列出的尺寸是常用于网页设计中的参考尺寸，并不代表全部。响应式设计对于初学者甚至是经验不多的在职人员而言，都是一个很复杂、学起来相对不容易的知识。学习基本的响应式规范容易，但是实际运用到项目中，就不是那么得心应手了。这是一个过程，如果大家学习第 4 章的表格比较吃力，不要操之过急，自己多去实践，慢慢找出响应式断点的意义。这些数据并非在任意项目中都是固定的，具体的响应式断点数值，还需要根据具体的项目设计方案及项目使用的前端开发框架来考虑。

2.3　草图设计

为什么本书不将草图设计的相关内容放到最前面呢？因为很多时候，我们如果太"死板"地遵循各种流程，脑子就会被这些流程束缚，所以本书优先用一些比较直观的设计图来编写、讲解核心知识，而草图起到的是一个辅助性的作用，也可以称为承上启下。如果你想省事，可以忽略这一步直接进入线框和视觉设计阶段，但是这并不是值得推荐的做法。草稿 / 草图能够灵活扩展、训练我们的思维，建议大家使用简单的纸和笔绘制草图，不拘束、便于修改。

虽然对网站的结构、层次和内容进行规划的可以是客户、设计师本人，也可以是产品经理，但是对于整体设计细节的把握，其实是比较复杂和艰难的。没有谁能够一口气吃成一个胖子，作为设计师应该优先考虑需求，不能只是被动接受信息。

我们在做线框图之前，需要有一个笼统的、相对模糊的设计概念，这就需要我们用纸和笔将想法绘制出来，用草图的形式加以表现，便于修改调整，也便于线框图的设计，同时也利于人与人之间的沟通。在这一章的创建线框图实操过程中，将会专门绘制一个项目草图来辅助线框图的设计。

2.4 构建栅格（网格）系统

2.4.1 如何理解栅格（网格）这个概念

首先我们来了解栅格这个概念。这是一门非常大的学问，这里的栅格俗称网格或网格系统，它就像一个网络，像坐标定位，能够帮助我们精确地设计界面，同时能够给前端工程师提供很好的开发标准和规范。（本书在第 3 章会详细讲解网格系统。）常见的网格系统如图 2-7 所示。

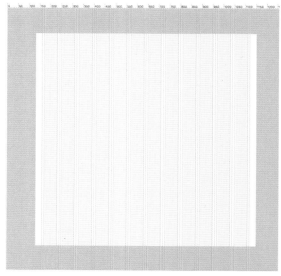

图 2-7

图 2-8 所示是设计线框图时运用的网格系统，它只是一个图层文件夹或单纯的辅助线，可以在 Photoshop 中显示或隐藏，方便进行精确的结构、层次、比例设计。

大家可以去网上搜索一些常用的 Photoshop 网格模板，直接使用；也可以使用本书的方法，直接利用 Photoshop 自带的参考线功能或 Assistor PS 软件去制订网格系统。

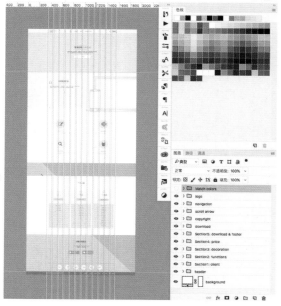

图 2-8

2.4.2 运用

使用网格视图在设计网页时非常有用，它使我们在页面上放置元素更容易、更规范，如图 2-9 所示。

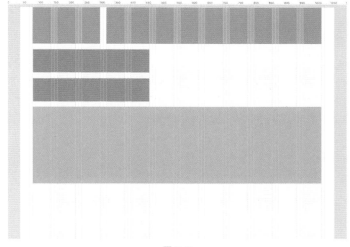

图 2-9

同时，它向前端开发人员提供了必要的百分比和单位像素信息，方便开发人员使用 CSS 样式表来设计网页布局，也方便我们结合相关的开发框架（如 "Bootstrap"）来设计符合前端开发的网格，减少前端开发的工作量，类似图 2-10 所示的效果。

```
71 ▼    .uix-pb-col-1.uix-pb-col-last, .uix-pb-col-2.uix-pb-col-last, .uix-p
        last, .uix-pb-col-6.uix-pb-col-last, .uix-pb-col-7.uix-pb-col-last,
        pb-col-last, .uix-pb-col-11.uix-pb-col-last, .uix-pb-col-12 {
72          margin: 0;
73      }
74
75 ▼    .uix-pb-col-1 {
76          width: 5.5%;
77      }
78
79 ▼    .uix-pb-col-2 {
80          width: 14%;
81      }
82
83 ▼    .uix-pb-col-3 {
84          width: 22.5%;
85      }
86
87 ▼    .uix-pb-col-4 {
88          width: 31%;
89      }
90
91 ▼    .uix-pb-col-5 {
92          width: 39.5%;
93      }
94
95 ▼    .uix-pb-col-6 {
96          width: 48%;
97      }
98
```

图 2-10

看到这里，大家基本已经学会了线框图及其相关的必备知识。下面，我们将开始进行线框图实战，一起来设计一个规范的线框图，并快速运用到视觉设计阶段，输出效果图。如果大家还无法消化上面的线框图知识，务必多想一想。

2.5 创建规范线框图

2.5.1 草图构思

创建一个规范的线框图，需要用到很多设计规范。按照常规流程，应该先学习网页设计规范，再开始实操。但是本书并没有这样规划，这是为了避免乏味的理论影响，避免保守的思维。下面，我们开始学习创建一个线框图，并最终使它快速变成你想要的设计图（实际上也算是一个完整的网页设计）。在这一章中不会细化设计规范，只会利用本章前面学习的知识点，将它们运用到实际操作中。大家可以跟着步骤，一步一步做出来，找找感觉，进行预热。从下一章开始，我们将学习网页设计规范，比较详细地融入案例和理论，一步一步完成一套有较高质量的商业作品。

● **Step1：设定目标**

这一章我们采用 Redesign 的方式去做一个案例，作为一个比较低的起点，同时也训练大家操作软件和运用本章知识点的能力。这样也有利于大家继续后面的阅读。Redesign 就是一个有命题的设计，说直观点，就是在原设计的基础上进行创造和改善。与之相对的，在本书第 7 章，将会相应地使用一个非 Redesign 命题的设计案例来贯穿讲解。大家学习完这些内容，以后在拿到项目需求或到公司开始做一个项目时，无论它是什么类型的网页，都可以按照这个思路来进行设计。

设计前一定要使用产品本身，充分理解它，才能更好地完成设计。使用的素材一定要遵守作者的许可协议，不要侵权。根据设计的风格，获取素材时可以自己绘制，也可以加工制作，也可以自己原创拍摄。

下面，我们就开始对"印象笔记"原官网做 Redesign，大家可以先访问其官网，试用这款产品，这样更能够找出设计的思路。

完成 Redesign 的基本线框图，目标设定如下。

·使产品的功能和用户定位更加清晰。

·减少用户进入二级页面的概率，提炼重要信息，理清主次信息。

·使用更加大胆的图片和设计方式美化官网，表现"印象"的延伸内涵。

·学会现代化的设计规范和技巧。

·进一步完成 Redesign 的界面高保真原型——静态效果图（视觉设计阶段）。

● Step2：项目思考

①我们看一看"印象笔记"原官网截图，原官网近几年有多次改版，图 2-11 为最近的一个版本的截图。具体的功能需要大家自己去体验，这里就不展示所有的产品使用过程截图了。首先我们要对"印象笔记"这款产品做一个大概的了解，并从它的原官网上收集可用的信息或图片。

提示

大家可以浏览本书下载资源中附带的高清和详细的产品使用过程截图、素材图等。

图 2-11

②经过思考，我们可以得到以下可能用到的信息。

· 产品的 Logo 及设计主色：绿色。

· 产品的盈利模式：3 种级别的会员特权，分别是免费、标准、高级账户。

· 产品的核心功能：随时记录一切，高效协作共享，便捷的搜索功能，跨平台。

· 使用产品的前提：注册登录。

· 产品的价格和特权。

· 专属企业版。

· 产品的下载渠道。

③对"印象"这个词做一个联想，用笔简单画一画，你会更加清晰。通过这些联想，我们可以绘制出最基本的一个网页设计思路，如图 2-12 所示。

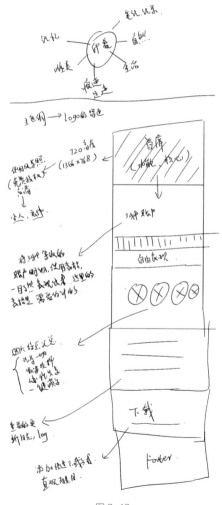

图 2-12

我们可以将设计分为：首屏（功能、核心）、3 种账户列表、自由区域、下载区、页脚区。原官网没有将价格和会员类型直接列出来，这里我们为了减少用户的点击，将其直接展示在首页，并且添加了 iOS 和 Android（安卓）的下载按钮，更方便用户直接下载。

绘制基础框架前应解决的技术难点

宽度和高度的设定一直都是设计中非常复杂的一个方面，它需要考虑各种因素，无论是文档还是元素，都需要众多的经验和积累。下面，我们要开始逐步完成 PSD 设计稿，无论是新人还是有一定经验的设计师，对于宽度和高度的把握都不一定能够得心应手，不容易准确地进行判断。宽度和高度的相关知识也是设计规范中很重要的一个方面，我们会在第 4 章中详细讲解，这里先给大家打一个预防针，意识上增加一点儿对宽度和高度的认识。我们还必须理解下面的几个重要术语，这里将这些术语用简单的语言整理出来，方便快速理解。

安全宽度：界面设计和前端开发都需要保证网页在某个分辨率下图片、文字、布局、按钮等元素的正常比例和正常显示效果，比例不能过宽和过窄，否则容易造成阅读障碍。那么在某个分辨率下，我们使用一个固定宽度值来作为一个基准进行设计和开发，这个固定值就是安全宽度。

首屏：即浏览器打开网站第一眼看到的区域，也可以广义地理解为未进行过上下或左右滚动操作的浏览器的全屏。

首屏高度：这里我们只以 Chrome 浏览器为基准，除去选项卡、菜单栏、书签栏和状态栏的高度总和，剩下的高度就是首屏的高度。此数据并不是绝对的，具体高度差值由网站内容决定。

全屏图片：无论是首屏还是第 2 屏、第 3 屏……，都可能用到高清的大尺寸图片，这个图片的高度并不等于实际的首屏高度，而是约等于 PSD 设计文档和设计过程中满足安全宽度的分辨率的高度值。打个比方，PSD 文档画布为 1920 像素 ×1080 像素大小，以 1366 像素 ×768 像素分辨率下的常用安全宽度——1200 像素（详见本书"4.3.1 知识点"中的表格）为基准，那么这个将要填满浏览器整个窗口的图片的尺寸应该是 1920 像素 ×1080 像素（常用屏幕分辨率），同时我们要将图片的"主要文字和内容"区域的高度，控制在 768 像素范围内。这样做的好处是：在不同尺寸的显示屏下，我们才能保证这个大尺寸图片的核心内容基本能够被完全看到。

主视觉区域：这里的主视觉，通常就是指首屏区域或页面第 2 屏、第 3 屏……的核心内容区域。

2.5.2　页面尺寸和安全宽度设计

我们以分辨率为 1920 像素 ×1080 像素大小的屏幕为基准建立同等大小的画布，取 1152 像素和 1280 像素的中间值 1200 像素（主观上的取值）作为网页的安全宽度，建立栅格（网格参考线）。

根据最近几年 W3C 统计调查报告和国内外网页的设计趋势报告，现在最小的 PC 端的屏幕分辨率大多都是 1280 像素以上（包含），1366 像素 ×768 像素的分辨率最为普及（全球常用的分辨率、尺寸和安全宽度安全高度数据参见本书"4.2 屏幕尺寸与分辨率""4.3 页面安全宽度"中的表格），所以我们是以略小于 1366 像素的宽度——1200 像素为安全宽度来设计，至于更小的网页宽度，其实是利用前端技术使用响应式设计来适配平板电脑和手机。根据具体情况，设计师需要设计一些移动端的界面以供开发者参考和使用。

● Step1：建立画布

打开 Photoshop CC，执行【文件→新建】菜单命令打开【新建文档】窗口，然后选择【Web】选项卡中的【1920×1080 像素 @72ppi】选项，如图 2-13 所示。在这里取消勾选画板，并将初始高度设为 3000 像素，是为了更方便整体设计，实际设计过程中可能会增加或减少初始高度。

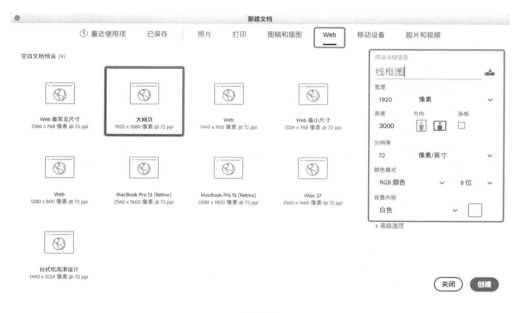

图 2-13

提示

使用 Photoshop 做网页设计稿，必需将 PSD 文件的分辨率设置为 72 像素 / 英寸。设计师在创建 PSD 文件时，如果忽略了这个细节，就可能导致前端开发无法正常使用设计稿。

● Step2：建立宽度参考线（网格）

执行【视图→新建参考线版面】菜单命令，打开【新建参考线版面】对话框，具体参数设置如图 2-14 所示。我们将安全宽度设置为 1200 像素，那么基于 1920 像素宽度的文档，安全内容区域左右两边的间距就是（1920–1200）÷2=360 像素。建立一个常用的 12 列的网格（前端开发框架中常用的也是 12 列网格），每列网格之间的留白空间宽度通常为 20 像素。将数字填写到对应的对话框表单内，即可创建标准的纵向（垂直）参考线。

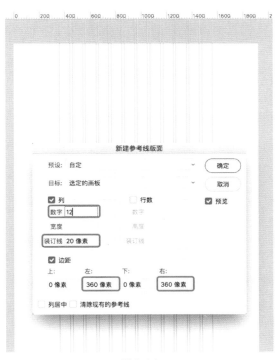

图 2-14

提示

Photoshop CC 之前的旧版本也可以使用 Photoshop 扩展插件来建立网格，如 GuideGuide。

2.5.3 首屏高度控制

主视觉区域，也可以算是头部、核心 Banner 区域，设计稿的首屏高度参考线设置为 768 像素（**特别注意：当我们导出首屏大图时，图片是以 1920 像素 ×1080 像素的尺寸导出**），放置核心文字和其他设计元素的安全内容区域将控制在 548 像素左右。网格系统需要建立一个首屏高度参考线，虽然前端可以将首屏设置为永久性的全屏自适应，但是在设计稿中，我们是需要有一个参考值的，这样才能准确进行文字排版和图片设计。

执行【视图→新建参考线】菜单命令打开【新建参考线】对话框，选择【水平】方向，在【位置】处填入数值 768 即可，如图 2-15 所示。

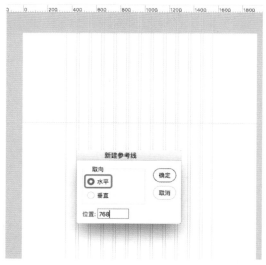

图 2-15

> **提示**
>
> 在除首屏之外的第 2 屏、第 3 屏……，我们应该参照首屏高度和内容安全高度来综合考虑设计稿剩余的部分。我们也可以继续创建参考线，如 768×2=1536 像素，768×3=2304 像素……依次类推，创建每一个分屏的参考线。
>
> 根据设计的不同，其他屏的水平参考线位置并不是固定的，可能会在实际设计过程中做调整，无论怎么调整，都应该参照自己的首屏参考线进行设计。由于本次 Redesign 比较简单，所以我们不需要创建更多的水平参考线，有一个基本的高度意识就可以了。

2.5.4 基础布局

下面，我们开始使用大色块，按照前面的规划草图，制作页面的整体框架。

● **Step1：创建首屏色块**

①使用【矩形工具】绘制一个大小为 1920 像素 ×768 像素的色块，这个色块将直接用作【剪贴蒙版】，可以直接输入和调整矩形的数值，如图 2-16 所示。

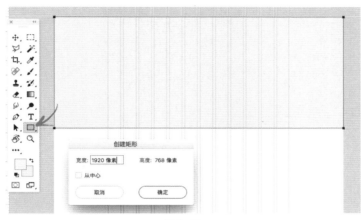

图 2-16

提示

剪贴蒙版可以通过执行【图层→创建剪贴蒙版】菜单命令创建，也可以按住【Alt】键，用鼠标左键单击两个图层中间的缝隙创建，创建后会看到上方图层有个向下指向的勾，表示影响只作用于下一层。这个技巧将运用到非常多的地方，在本书后面用到剪贴蒙版的地方，就不做详细的解释了。

---

②创建矩形成功后，可以看到矩形的【属性】面板，设置坐标为（0，0），即可对齐画布最顶端的左边顶点，如图 2-17 所示。

图 2-17

● Step2：创建导航

这里将主要的导航都展示在顶部，简化操作流程，便于用户使用。导航包括"功能、价格、产品下载、更多、了解印象笔记企业版、登录、创建账户"这几个模块。其中"功能、价格、产品下载"都直接在页面中设计表现，并不使用二级页面访问。

①同理，使用【圆角矩形工具】创建导航色块，导航色块图层位于首屏色块图层之上，高度设置为 80 像素。在色块上使用简单的图形标志替代 Logo（直接拖曳一张图片到画布即可），并添加导航文字。这里使用黑体作为默认字体（关于如何选择字体，有哪些参考规范，我们会在第 4 章中详细讲解）。同时在"更多"文字旁使用【圆角矩形工具】（圆角半径设置为 2 像素）绘制一个汉堡包导航图标，如图 2-18 和图 2-19 所示。

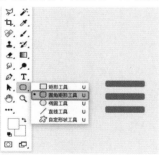

图 2-18

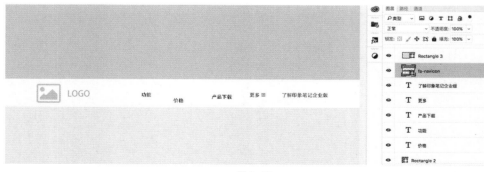

图 2-19

②将每个导航文本用图层分开，是为了更方便调整位置和间距。选中几个文本图层，然后选择工具栏的【移动工具】，就可以在顶部属性栏看到对齐的图标，用鼠标左键单击【顶对齐】图标，可以将几个文本图层垂直对齐；单击【按左分布】【按右分布】或【水平居中分布】的图标，可以将几个文本图层水平对齐。只需要将开始和结尾的两个图层移动到参考线范围内（某个宽度内），就可以将多个图层水平等距分布到画布中，如图 2-20 所示。

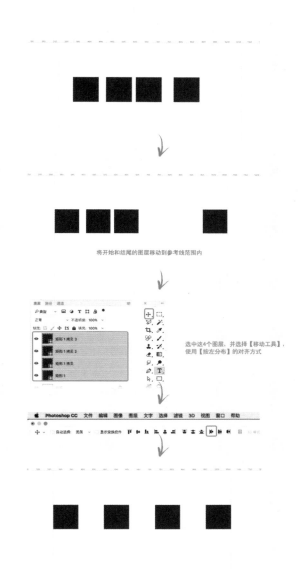

将开始和结尾的图层移动到参考线范围内

选中这4个图层，并选择【移动工具】，使用【按左分布】的对齐方式

图 2-20

提示

　　文字多少的不同导致文本图层宽度不一致，如果不能够一次性达到水平等距对齐效果，则需要手动调整部分文本的水平位置。

③对齐后效果如图2-21所示。

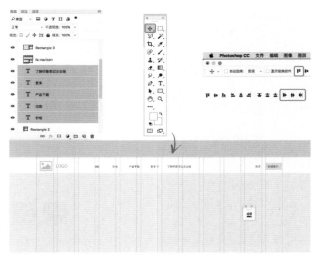

图2-21

2.5.5 文字排版与分屏设计

文字在网页设计中是相当重要的，也是非常难掌握的，英文和中文的运用方法和知识又有着许多的不同。本书的案例根据具体需要，会穿插讲解中英文字体的使用技巧。文字也是影响设计效率的一大因素，这里将讲解如何使用【字符】或【段落】面板创建文字模板，提高效率。这里创建的文字模板将沿用到下面的所有步骤中，所以务必细心、准确地创建自己的字体模板。

Photoshop CC 软件中，【段落样式】可以实现与【字符样式】一致的效果，为了简化流程，我们在整个设计中只以【段落样式】为例进行讲解。首先设计首屏的文字。我们可以参照原官网，用简洁明了的话语突出"印象笔记"的特征。我们为首屏的文字设置一个段落样式模板，是因为这里的字体、大小、色彩、段落间距等可能会重复用到。

● Step1：创建居中参考线

为了知道文字的位置，我们需要创建一个居中的参考线，以便我们将文字放置到正中央。执行【视图→新建参考线】菜单命令，在【新建参考线】对话框中选择【垂直】方向，将【位置】数值设置为 960 即可（1920÷2=960 像素），如图2-22 所示。

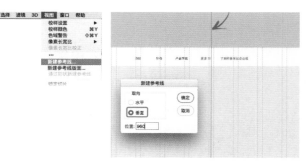

图2-22

- Step2：创建文字模板

①执行【窗口→段落样式】菜单命令，用鼠标左键单击右下方的【创建新的段落样式】按钮后，双击面板上新生成的样式名称，即可看到属性对话框。设置好样式名称及属性后保存，即可在面板中看到类似【h3】的自定义文字模板名称，以同样的方法创建【desc】文字模板，如图 2-23 所示。

图 2-23

【h3】和【desc】的样式模板详细参数如图 2-24 所示。

图 2-24

②创建好段落样式文字模板后，新建几个图层并添加文字，来表示"印象笔记"的核心特征，如图2-25所示。

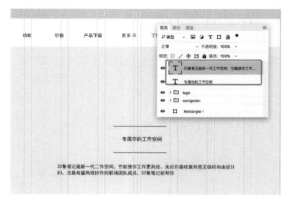

图2-25

③放置中间那两条线是笔者自己的想法，作为修饰和点缀，使用【直线工具】即可绘制，工具位置如图2-26所示。

图2-26

④选中新建的文本图层，并选择【段落样式】面板中的【h3】，然后用鼠标左键单击面板下方的【清除覆盖】按钮（弧形箭头），即可将【h3】样式应用到当前文本图层上，如图2-27所示。注意不要单击旁边的【通过合并覆盖重新定义段落样式】按钮（对勾符号）。我们可以在应用了样式的基础上，自定义文字色彩和其他样式，如果再次选择该样式模板，将会恢复该样式的效果。

图2-27

注意

此时，选择任意自定义样式，都会自动切换当前文本图层样式。

⑤选择另一个文本图层，同样应用【desc】模板到该图层。然后用鼠标左键双击画布上或图层上的文本，将"工作空间"4个字的颜色换成较淡的颜色，效果如图 2-28 所示。

图 2-28

提示

　　后续很多步骤都是重复使用【段落样式】。

● Step3：首屏细节刻画

　　①使用【圆角矩形工具】绘制一个圆角按钮，作为用户体验的操作引导，具体参数可在【属性】面板中设置，如图 2-29 所示。制作这个按钮的原因和思路如下。

　　·作为直观的引导。

　　·用鼠标左键单击这个按钮，将弹出或直接跳转到登录注册页面。建议前端开发时使用弹出窗口，简化操作流程。

　　·因为登录和注册都放到了导航上，所以需要一个突出的按钮引起用户的兴趣。

　　·将登录和注册移到导航上，只是为了给用户增加友好感，言下之意不强迫用户一进去就看到注册登录那么明显的表单。

　　·并不是说原官网的设计不好，笔者只是按照自己的想法做一个 Redesign，用于扩展思维，便于大家深入学习设计思维和技法。

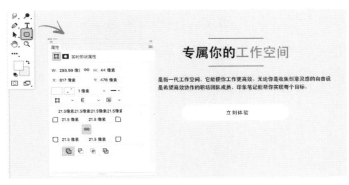

图 2-29

②给首屏做一个有向下标志的
按钮，提高用户对页面的操作认知。
按住【Shift】键并使用【椭圆工具】
绘制一个圆形，关闭填充功能，将
描边宽度设置为 2 像素，然后使用
【直线工具】画一个描边为 1 像素
的箭头即可，如图 2-30 所示。

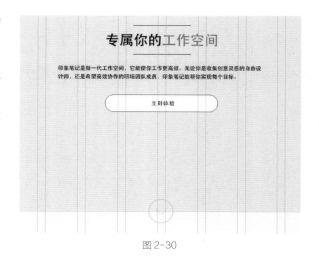

图 2-30

    如果看了各种教程还无法运用这些工具，可以使用本书附赠的下载资源中的源文件，对照着研究学习。

    至此，我们已经完成了完整的首屏设计，如图 2-31 所示。

图 2-31

● Step4：用户感言区域——第2屏的设计

经过仔细的分析，第 2 屏需要满足下面的目标。

·展示客户感言，提高产品的公信力。

·使用一些产品截图，将截图封装在网页上的虚拟笔记本和手机内，让浏览者对产品的外观有一个直观感受。

·客户感言支持切换，所以应该有一些辅助切换的元素，如按钮、箭头、小圆点导航等。

·第 2 屏也应该参考首屏高度，将内容区域控制在一个安全范围内，方便用户浏览。

①执行【视图→新建参考线】菜单命令，在【新建参考线】对话框中选择【水平】方向，在【位置】处输入数值 1536（768×2=1536 像素），创建第 2 条水平参考线，用以帮助我们在设计中更好地完成第 2 屏的设计，如图 2-32 所示。

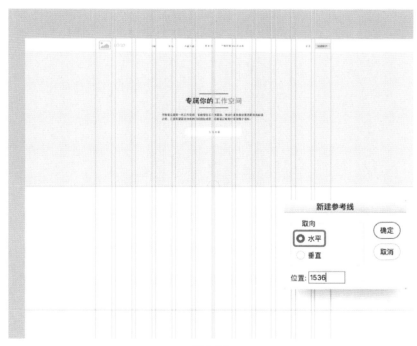

图 2-32

提示

在设计的过程中，不一定要一屏一屏地设计，但是我们需要考虑网站用户的操作习惯，去感受用户会怎样浏览你的网站。所以根据具体的项目，可以适当采取利用多条水平参考线进行约束的手段。大家要记住：没有规范的设计，是错误的。规范能够让你有更多的发挥空间，并且赋予你的设计的价值。

②使用【矩形工具】
在第 2 屏增加一个色块，
视觉设计阶段可能会设
置它的背景图片或背景颜
色。同时使用不同的形状
工具配合，绘制两个简单
的笔记本和手机图形（注
意养成良好的习惯，将图
层放到文件夹内并使用规
范命名，便于后期修改），
如图 2-33 所示。如果无
法绘制，可以去网上搜集
相关的素材，但是必须要
将显示屏作为单独的形状
图层分开，我们在视觉设
计阶段将使用图层剪贴蒙
版来植入"印象笔记"产
品的使用截图。

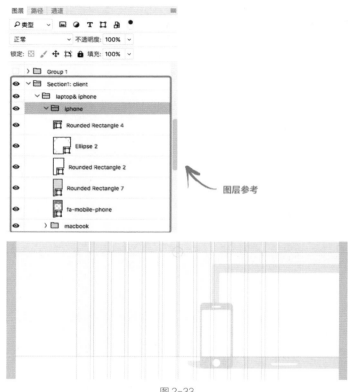

图层参考

图 2-33

③同理，运用创建好的文字模板，添加演示文字到此区域，并使用形状工具绘制简单
的头像图标，效果如图 2-34 所示。

图 2-34 中 的 引 号
直接使用【横排文字工
具】创建，放大字体、设
置好颜色即可。使用【直
线工具】绘制横向线条。
头像图标可以使用第三方
图标，也可以自己使用形
状工具绘制。然后按住
【Shift】键并使用【椭
圆工具】绘制头像下方的
小圆点。

随时随地同步

图 2-34

至此，我们已经完成了第 2 屏的设计，最终效果如图 2-35 所示。

图 2-35

● Step5：功能区域——第3屏的设计

经过分析，第 3 屏需要满足以下目标。

· 用尽量简短的文字和尽量少的项目列表展示产品的核心功能。

· 使用图标搭配文本，更生动地展示产品功能。

· 布局上尽量满足一些小小的创意和想法。

· 注重文字的准确性，尽量让用户一眼就读懂这些功能和特色。

· 本次 Redesign 将四大功能压缩到一屏，是为了能够减少用户向下滚动的麻烦。这只是笔者的主观设计想法，大家可以任意发挥。

①使用【矩形工具】绘制一个矩形，在选项栏中关闭填充功能，将矩形的描边属性设置为虚线，宽度设置为 2 像素，如图 2-36 所示。

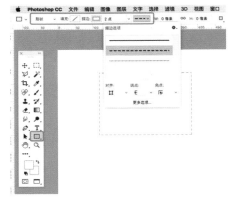

图 2-36

②按住【Shift】键并用【椭圆工具】在靠近矩形 4 个角的位置绘制 4 个圆形。其中一个圆形使用不同的颜色区分，并且增加一个空心的圆形描边图层，表示鼠标指针悬浮状态的效果，如图 2-37 所示。

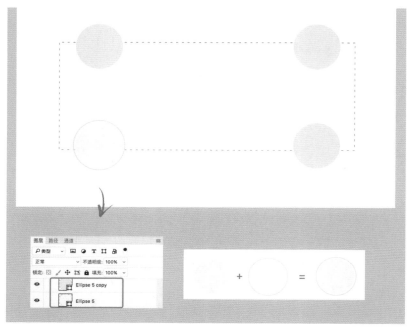

图 2-37

③根据官网内容，增加产品文字和图标。图标可以使用 Photoshop 的【自定义形状工具】、第三方图标或其他形状工具绘制。视觉设计阶段也许会用其他图片替换这些图标，所以这里的图标可以简单一点。使用【自定义形状工具】的齿轮标志，可以加载不同类型的或通过第三方下载的形状样本，如图 2-38 所示。

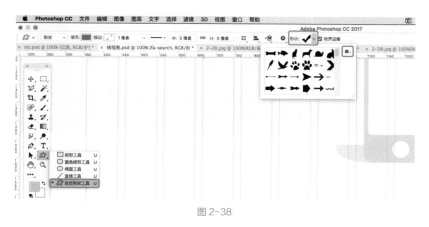

图 2-38

④注意图层的条理和良好的命名习惯，如图 2-39 所示。

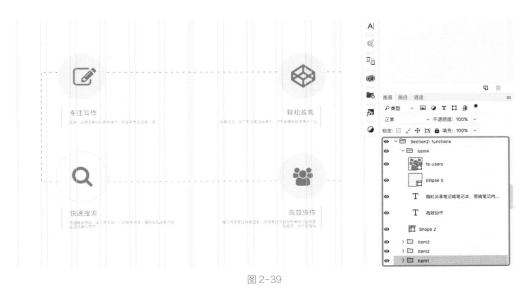

图 2-39

至此，我们已经完成了第 3 屏功能区域的设计，最终效果如图 2-40 所示。

图 2-40

● Step6：通栏Banner区域设计

不要墨守成规，在适当的情况下增加一个广告区域或非广告的 Banner 区域作为产品额外的信息流，也是非常重要的。这里我们设计一个 100% 宽度的图片区域，可能会在未来搭配背景图片（有视差的效果）和一些突出产品特色或作为用户喜好的文字。

这一部分比较简单，使用【矩形工具】绘制一个通栏的矩形即可。根据需要，这里还使用了一个倾斜的图层，在视觉设计阶段也将突出这样的倾斜感。这是一种创意手法，是为了增加图片或网站整体的差异感。这种类似的手法还有很多，如等分、加减法、放缩、局部显示、倾斜、圆角、阴影等，这些方法都是对图形本身的美术艺术化运用，需要大家靠不断的实践和积累来掌握。这些方法并不固定运用于某种领域，它可以运用到任何领域，不仅限于网页设计。

绘制完一个矩形后，增加一个倾斜图层（先绘制一个矩形，然后旋转此图层即可）。倾斜图层在矩形图层的上面，是为了创建剪贴蒙版。选中倾斜图层，执行【图层→创建剪贴蒙版】菜单命令，或者按住【Alt】键在在两图层中间的缝隙处单击鼠标左键创建剪贴蒙版。创建后我们会看到上方图层有个向下指向的标志，表示蒙版的影响范围只作用于下一层，如图 2-41 所示。

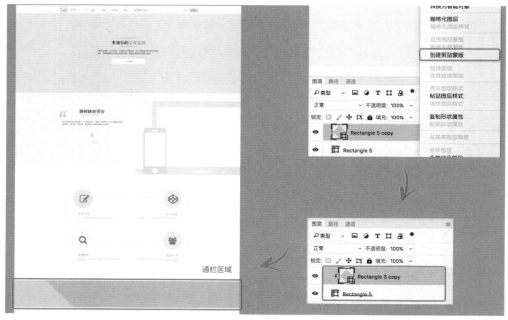

图 2-41

● Step7：产品价格区域——第4屏的设计

经过分析，第 4 屏需要满足下面的目标。

· 将原官网的二级页面内容——价格，搬迁到首页。

· 尽可能压缩价格表的长度，减小它的占屏空间，方便用户浏览。

· 优化表格的视觉感，做一些与背景有较明显对比的设计。

· 突出数字，这样能够在一定程度上突出价格优势，与其他产品产生比较明显的对比，让人容易记住。

经过上面一系列的形状工具的使用，相信大家已经能够很容易地创建价格表，无非就是使用【矩形工具】画 3 个大小相等的矩形，然后配合使用【圆角矩形工具】和【矩形工具】划分出不同的区域，再添加上文字即可。文字可以直接参照原官网的价格页面，效果如图 2-42 所示。（如果不能很好地把握高度，则需要创建第 3 条水平参考线，数值为 768 像素的 3 倍，再加上之前创建的通栏 Banner 的高度。）

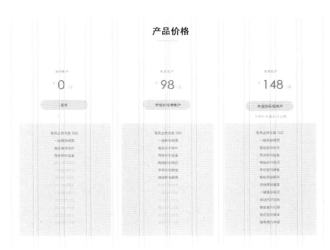

提示

　　在任何时候，都要基于参考线进行设计，注意文本、图形之间要对齐，还要注意留白及各元素之间的间距。这些习惯需要在不断的设计过程中养成。

图 2-42

至此，已经完成了第 4 屏价格区域的设计，最终效果如图 2-43 所示。

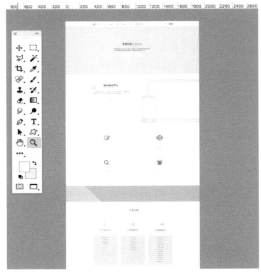

图 2-43

- ● Step8：下载区域——第5屏的设计

第 5 屏则需要满足以下目标。

· 提供更加直接的下载按钮，简化操作流程，避免用户使用二级页面。

· 与通栏 Banner 的设计呼应，使用倾斜的光感效果贯穿。

· 色彩与前几屏互补，可以使用深色。

· 移植产品导航到此区域，让用户能够清晰了解进入二级介绍页面的目的。

①相信大家已经可以熟练进行这一屏元素的设计，简单地说就是形状工具和文字模板的再次使用，增加图标和大色块。大色块的大小参照首屏高度，也绘制一个大小为 1920 像素 ×768 像素的矩形，并将矩形的颜色调整为深色，如图 2-44 所示。

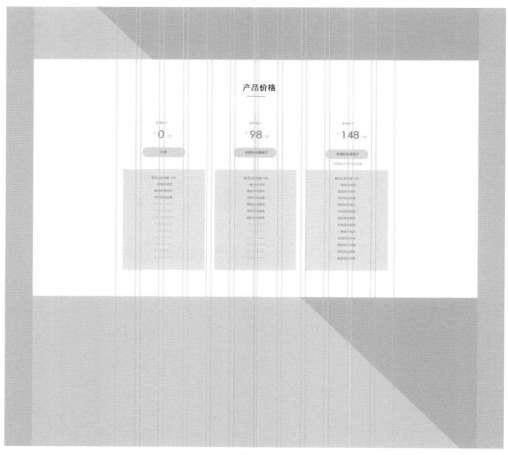

图 2-44

②进一步细化，使用不同的形状工具绘制图标，然后添加文字，增加必要的产品导航，如图 2-45 所示。

图 2-45

至此，已经完成了第 5 屏下载区域的设计，最终效果如图 2-46 所示。

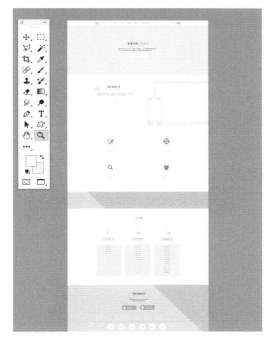

图 2-46

● Step9：Footer页脚的设计

　　页脚设计是制作这个线框图的最后一步，可能包含版权和网站导航。页脚是网站不可
缺少的一部分，它提供的信息能够直接引导用户对公司和产品及对其他方面（如人才、新
闻等）的操作。同时，页脚也是用户所习惯的一部分。一般我们访问一个网页时都会知道
网站底部会包含版权、公司介绍、联系方式等重要信息。

页脚的重要信息一般不会在页面中直接展示,而是会使用链接的形式。这些信息一般并不是直接介绍产品或公司的,Footer 是一种网站文化,大家在设计时也可以大胆地发挥创意,这里就简单地设计一个页脚区域。

使用【矩形工具】绘制一个高度为 118 像素的矩形,添加版权、备案、网站导航文字,如图 2-47 所示。设计文字时,要考虑哪些是链接、是否需要增加下划线等问题,大家可以根据实际的设计风格来把握。这也是前端开发协作中一些需要标注的地方。

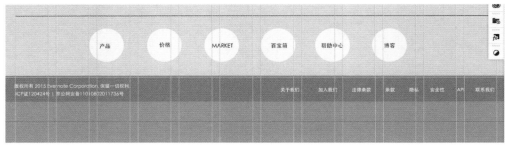

图 2-47

为什么这个页面会存在两个导航呢?这是因为原官网的产品也包含了众多的导航,页脚导航一般并非产品导航,它包含法律、隐私、联系方式等,所以我们在下载区域使用圆形导航的风格表现产品导航,可以与页脚导航有一个鲜明的对比。

至此我们已经将整个线框图基本绘制完成,最终效果如图 2-48 所示。

特别注意

关于 Web Icon,由于系统和 Photoshop 版本不同,插件也会不同,大家可以自己下载 PSD 图标并载入到 Photoshop 中使用,也可以下载类似的图标插件。安装插件要使用 ZXPInstaller 工具或 Adobe Extension CC 工具。大家根据自己的学习需要也可以选择其他获取图标的方式,如果时间充裕,也可以自己用形状工具绘制。

图 2-48

2.5.6 线框图细节刻画

一般来说，设计过程不一定会完全照搬之前的网站规划草图，大多数时候，设计过程中会对草图的思路进行不断优化、迭代。这一部分的内容没有截图和理论，单独作为一部分内容列出来，目的是让大家养成良好的习惯。完成基本的设计稿之后，要进行细节和整体的检查。我们一般围绕以下方面进行检查。

- 文字（大小、颜色、字体、间距）是否得当。
- 文字是否有明显的语法等错误。
- 插入的图片是否清晰。
- 是否已经将可以使用矢量形状工具绘制的图形，都使用形状工具绘制了出来。
- 导航菜单是否合理。
- 线框稿的各个色块的颜色是否合理，看上去是否舒服。
- 内容是否偏离了安全宽度或安全高度。
- 整体设计是否符合原官网的目标和初衷。
- 元素之间是否对齐（必须精确到 1 个像素，因为实际前端开发过程中，1 个像素可能会造成布局上的改变，首先我们得使设计稿满足最基本的美观需求）。
- 以上没有提到的其他方面。

细节刻画，因为是一个比较零散、随意性强、主观性强的工作，在这里就不做详细的操作描述。大家根据本书提供的下载资源源文件，参考对比自己的设计和源文件的设计细节上存在哪些差异，找出自己的不足，就可以有效完成自己的线框图的细节刻画。

2.5.7 基于线框图的视觉设计

这里的视觉设计阶段，主要是基于线框图，如果你没有线框图，至少也有最基本的 PSD 框架，通过这些基本框架，增加色彩、图片、文字、板式等内容。由此可见线框图的重要性，直接使用 Photoshop 制作线框图，也是为了快速、高效地进行网站页面的视觉设计。

在线框图设计阶段，我们大多数是使用形状工具进行框架设计。而视觉设计阶段，常用的软件技巧则包含以下几个方面。

- 颜色面板。
- 图层剪贴蒙版。
- 内置图片的处理（锐化、光影、大小调整、剪裁等）。
- 图层样式（混合选项）。
- 图层叠加模式。
- 图层的不透明度和填充值。
- 调节层。
- 形状工具。
- 文本工具。

● Step1：配色方案

首先要做的事就是确定配色方案。获取我们要 Redesign 的"印象笔记"原官网的一个主色，直接使用 Photoshop 的自带扩展【Adobe Color Themes】来制订一个简单的配色方案（之前的版本是叫 Kuler），并将该方案添加到【颜色】面板，方便以后做最终效果图使用。最基本的配色，我们可以选择【吸管工具】吸取 Logo 的色彩。在不同的操作系统中，也有很多方便的取色工具，不一定仅仅使用 Photoshop 的【吸管工具】，这里就不一一介绍了，大家可以通过搜索引擎寻找相关的软件。

如果有色彩和美术基础，也可以不使用插件，自己制作一个简单的配色方案。可以靠自己的美术功底直接在【颜色】面板中将需要的色彩提取出来。

色彩基础大家需要学习对比色、相似色、三原色、色彩关系等，可以搜索一些美术类的关于色彩学的相关理论进行学习。虽然不懂色彩也可以设计 Web，但是如果对色彩比较敏感、有比较系统的色彩知识，对于设计 Web 是大有帮助的。色彩是一门很大的学科，也是一个比较难的课题，建议大家利用空余时间学习色彩知识。

这里为了提高效率，建立更加准确的色彩关系，使用 Photoshop 自带扩展来建立配色方案。在视觉设计阶段不一定会用到所有的颜色，本案例只打算使用黑白灰无色系和 Logo 主色作为设计方案，但是有一个比较准确的色彩关系作参考也是比较重要的。在本书的设计规范部分，我们会详细讲解基本的色彩知识，大家不必担心自己的学习方向。

在实际项目中，大家可以大胆发挥自己的想象，大胆地运用不同的色彩关系，培养一种冒险精神，调整出一种感觉舒服的配色方案。本案例中不再使用其他的对比点缀色，而是选择单色，由浅入深地运用，如图 2-49 所示。具体操作步骤如下。

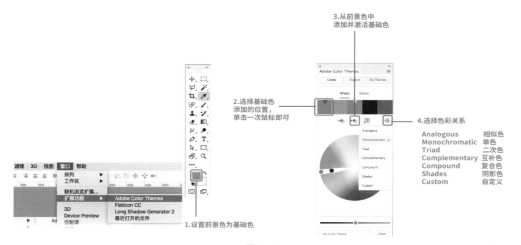

图 2-49

①使用【吸管工具】，设置Logo的绿色为"前景色"，此颜色就是配色方案的基础色。

②从【Adobe Color Themes】面板中选择基础色要添加到的位置，用鼠标左键单击一次即可。

③用鼠标左键单击图示按钮激活并添加前景色到该位置。（如果在单击激活图标时提示"Only solid colors can be used as fill color. Please select a valid color and try again."，则可以将鼠标指针移动到【色板】面板的空白处，单击鼠标左键即可激活此前景色。激活后就可以避免这个错误。）

④选择色彩关系，用鼠标拖动色轮节点可以调整色彩细节。

⑤执行【窗口→色板】菜单命令可以将【色板】显示出来。用鼠标左键单击图2-50所示的按钮，即可将配色方案添加到【色板】中。

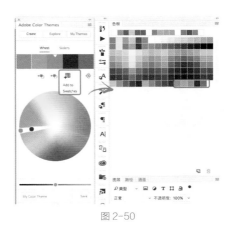

图2-50

● Step2：置入图片

①线框图的一大用途，就是方便使用置入图片。可以直接将图片拖入Photoshop画布中，也可以通过执行【文件→置入嵌入的智能对象】菜单命令将图片导入文档中，如图2-51所示。

图2-51

②置入图像到形状图层中后，选中该图层，执行【图层→创建剪贴蒙版】菜单命令，或者按住【Alt】键并用鼠标左键单击两图层中间的缝隙创建剪贴蒙版。这样就可以在有效范围内添加图片。

置入一张图片之后，一些调节层（图层、色阶、色相/饱和度）和一个"叠加"模式的半透明白色图层（使用【画笔工具】，在选项中调节笔锋的【硬度】，使用模糊效果涂抹出合适的白色区域即可）作为剪贴蒙版，作用于首屏的形状色块，用来调整首屏图片的最终效果。图 2-52 所示是首屏图的图层结构，具体的参数大家可以根据情况进行调整，图 2-52 中的参数仅作为参考。

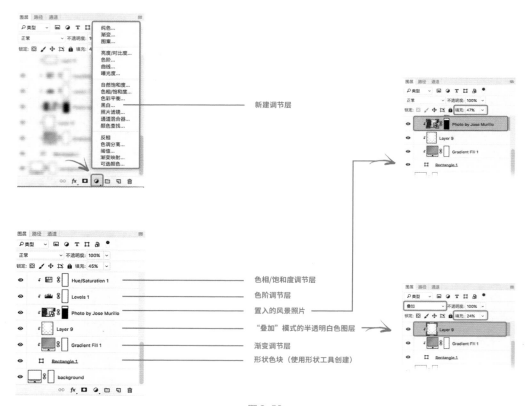

图 2-52

③调整首屏文本的颜色，并设置首屏圆角按钮的填充属性和描边，如图 2-53 所示。

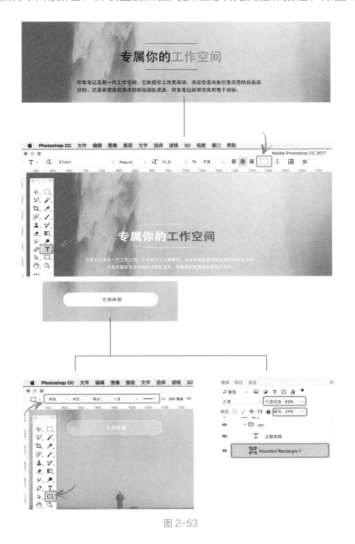

图 2-53

最终完成的首屏图片效果如图 2-54 所示。

图 2-54

④同理，使用置入图片和剪贴蒙版做一些调节，将线框图所有需要使用图片的地方都置入图片。需要置入图片的区域如下。

· 第 2 屏用户感言区域的用户头像、虚拟手机和笔记本电脑设备屏幕背景。

· 第 3 屏功能区域的图标背景。

· 第 4 屏产品价格区域的文字背景。

· 第 5 屏下载区域大背景。

置入图片后，最终效果如图 2-55 所示。

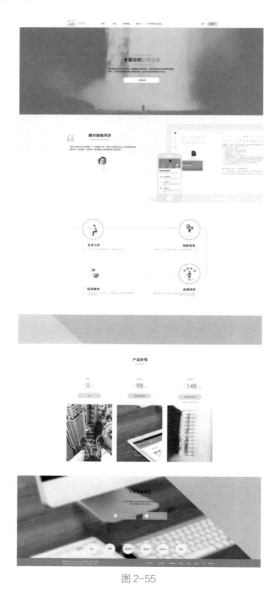

图 2-55

● Step3：文字和形状色块调整

下面，调整置入图片的透明度和形状色块的填充色，以便使导航、价格表、下载区域图片与背景色块相融合。

①将导航色块修改为黑色，调整透明度和填充属性，并且将文字颜色调整为白色，实现图 2-56 所示的效果。

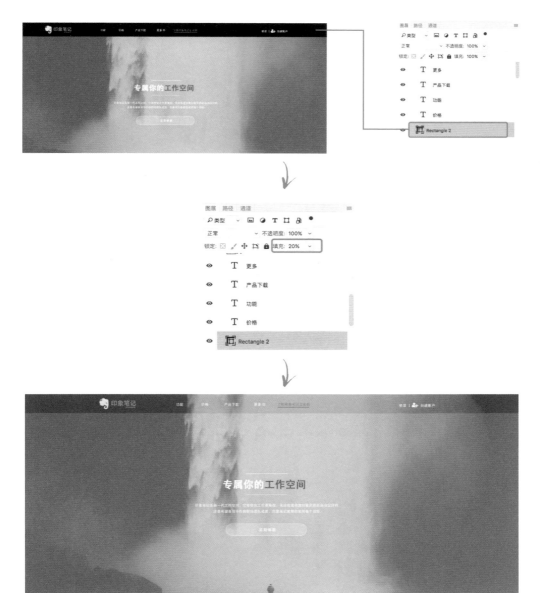

图 2-56

②将第 4 屏产品价格区域和第 5 屏下载区域的形状色块设置为黑色，然后调整置入图片的透明度（可以调整【图层】面板中的【不透明度】或【填充】属性），如图 2-57 所示，轻松实现图 2-58 所示的效果。

图 2-57

图 2-58

提示

以上都是比较简单的基本操作。在这里我们再来总结这一部分常用到的软件技巧要点。

- 选中形状图层，然后双击鼠标左键，即可快速更换形状色块的颜色。
- 选中形状图层，按【U】键（或者在工具栏中选择形状工具），即可在菜单栏下面的属性栏中设置形状色块的颜色。
- 选中文本图层，按【T】键（或者在工具栏中选择文字工具），即可在文字属性栏设置文字颜色。
- 选中某图层，可以在图层面板调整当前图层的不透明度和填充数值。
- 选中某图层，按【V】键（或者在工具栏中选择移动工具），可以快速移动图层。
- 按住【Control】键（Mac 系统是【Command】键）并用鼠标左键单击画布中的元素，可以快速定位到当前图层。

③将通栏 Banner 的形状色块修改为绿色，并将通栏色块上面的图层修改为白色，调整透明度。在这个通栏 Banner 上新建一个文本和形状图层（关闭属性中的填充功能，形状描边属性设置为 3 像素）。完成后的效果如图 2-59 所示。

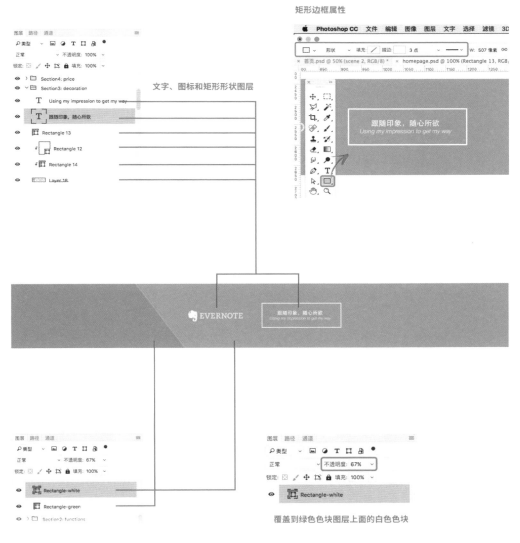

图 2-59

仅仅通过本书"2.5.7 基于线框图的视觉设计"中的这几个技巧，按照相同的原理重复操作，就可以快速完成图 2-60 所示的视觉效果图。根据每个人对软件不同的熟练程度，10~30min 即可完成视觉设计。

很多项目都可以使用此方法来创建视觉设计图。但是并不一定要先将黑白灰色的线框图全部完成才能进入视觉设计阶段。大家可以根据需要，按照每一个部分、每一屏的具体需求，一边设计线框图，一边进行快速的视觉设计和调整。如果先完成线框图，就能够对整体的布局和细节做快速的调整，从而避免由于视觉设计误差而导致返工修改、浪费时间。所以大家要灵活使用黑白灰的线框图，不要被各种流程束缚而影响你的创作。

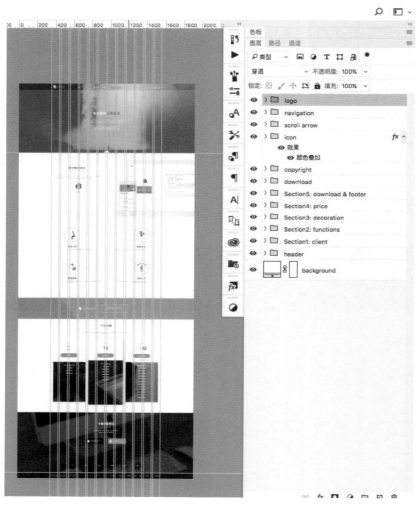

图2-60

2.5.8 图片输出

　　在后面的设计规范讲解中会具体讲解重点的图片输出方式和要点，这里我们只需要了解最基本的 Web 格式图片输出即可。执行【文件→导出→存储为 Web 所用格式】菜单命令，在弹出的对话框中选择 JPEG 格式，将设计图保存到电脑里，如图 2-61 和图 2-62 所示。大家应该养成良好的习惯，将所有与 Web 相关的图片都经过此方式加以保存，这样能够最有效地控制图片的大小和质量。

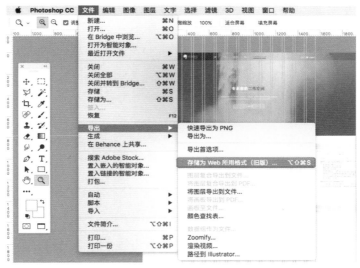

图 2-61

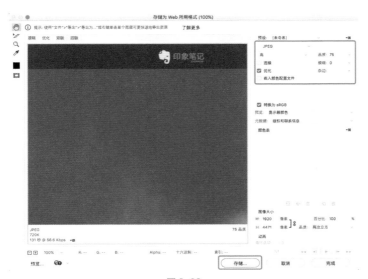

图 2-62

2.6 线框图自测

学习本章后，相信大家已经掌握了线框图的设计思路和方法技巧。任何理论和技巧都必须作用于实践，所以不要偷懒，大家自行完成章末小测试。在做小测试的过程中，需要规划好自己的思路，适当整理设计文档，不要偷工减料。

测试时间：

1 个星期内。

测试内容：

对"有道云笔记"官网做一个 Redesign。只要求设计线框图和基本的配色方案。参考网站的导航，根据导航、首页和二级页面，重新规划设计一个首页。不仅限于现有首页的功能和信息，充分发挥自己的想法，将这款产品表现得更加直观。

要求：

1. 将使用到的素材、图标的来源及 PSD、PSD 导出的结果图文件、文档有序整理打包。

2. PSD 图层文件和文件夹命名规范易懂。

3. 使用参考线，熟悉本章讲解过的所有可以作为项目设计参考的数据。

4. 除了外部引入的图片，PSD 中的图形一律使用形状工具绘制。

5. 保留好 PSD 文件（在本书第 4 章中，将继续使用这个 PSD 文件）。

6. 熟练掌握图层剪贴蒙版、图层透明度调整、形状工具、文本工具、图层叠加模式的混合运用。

O3

Web网格布局指南

3.1 基础知识

3.1.1 Web界面设计中网格的概念

上一章我们学习了线框图设计，在实际操作过程中使用了栅格，即网格系统。这一章我们就来专门学习网格系统。网格系统是一门知识面比较广的学科，这里专门针对 Web 设计中的一些方式、方法来对网格的知识做一个简洁的提炼，以便大家在界面设计和前端开发时，有一个比较理想化的参考。

网格这一概念已经沿用了许多世纪。它不仅仅适用于 Web 设计，也可以运用于其他领域，如平面设计、广告创意、APP 设计等，图 3-1 为 Web 设计的网格示意图。

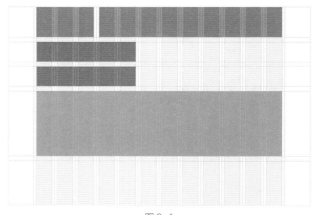

图 3-1

笔者结合 Web 自身的特点和前端开发的特点，对网格做了一个比较系统的归纳总结，主要可以从以下几个方面去理解网格的概念。

- 网格其实是给网站创建一个基本的结构，它也可以比喻为设计的骨架。
- 网格系统通过有规律的辅助性线条，帮助设计师组织设计元素和信息。
- 网格作为一个设计规范及一项必要的设计流程，给网站设计提供直观的布局规划。
- 网格能够更好地帮助设计师构图，实现有效、有序的基础布局，作为一种工具被广泛使用。
- 能够突出设计重心，给设计者和前端开发者树立有序的目标。
- 网格也是前端开发协作必要的标注参考。
- 网格是一种成熟的、能有效处理信息的工具。

这里说到了前端开发，它和网格有什么必要的联系呢？在前端开发过程中，开发者需要对网站的安全宽度、各设备的响应式宽度，以及对不同模块之间及图片文字之间的对齐负责，这些参数需要和设计师的设计稿相符，才能够高度还原设计稿。设计稿和成品网站经常会有特别大的差异，一定程度是由于协作之间产生了很多问题，无法协作设计规范，导致设计与代码的相融性太差。所以我们在设计时，要做好网格标注。在开发过程中，一个像素的误差就可能造成模块间的错位，所以我们需要重视网格系统。大家好好回顾上一章的线框图相关的知识点，就能体会到网格的重要性。

在开始绘制一个网格之前，有许多因素需要考虑。比如，网站面向的用户是谁？界面想要传达的思想和意图是什么？使用什么尺寸的字体？界面模块的尺寸是多少？如何使设计的内容可读性强，易于用户理解？界面布局大概需要几行几列？思考这些问题，以更好地利用网格这个工具，你的设计会更上一层楼。

3.1.2　网格结构

熟练掌握基本设计原则，能够帮助你成为更好的设计师。使用网格也是基本的设计原则之一。掌握网格是一项由来已久的基本功，需要我们学习了解一些常出现的概念，如网格结构。

首先分开来说，"网格"是由垂直和水平线组成的，"结构"指元素之间的组织与排列。那么通俗一点儿说网格结构就是通过沟槽、行和列、模块、空白、参考线等构件来给页面的文本、图片、信息或图表等元素做一个灵活的结构布局，它能够处理复杂的信息结构，能够更好地帮助设计师完成主要和次要信息的规划，如图 3-2 所示。

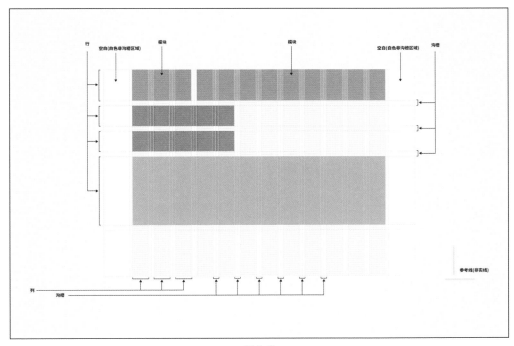

图 3-2

提示

如果大家无法看清图 3-2，可以浏览本书附赠的下载资源查看高清的网格结构示意图。

● 单列网格

单列网格在结构布局上只有一列，用来处理篇幅较大的信息流、图片流，不需要复杂的图文排版。这种结构在一些全屏设计、海报、杂志布局、HTML5 特效页面设计中是比较常用的，如图 3-3 所示。

图 3-3

图 3-4 所示的案例将大型尺寸文字和按钮放置在单列网格的中央，作为比较突出的文本信息展示。

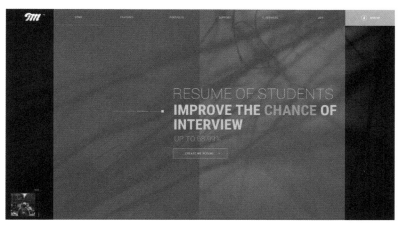

图 3-4

- **双列网格**

　　双列网格在结构布局上有两列，用来分隔设计中的一些不同类型的信息，这些信息可以是图片、文字，也可以是视频等。两列可以是均等宽度，也可以是一定比例的不同宽度，较小宽度的可以用作侧边栏或辅助栏目，如图 3-5 和图 3-6 所示。这种结构常见于博客设计。

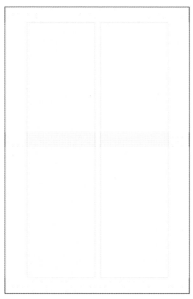

图 3-5

图 3-6

图 3-7 所示的游戏风格的网页案例，使用了不同比例的双列布局，将导航区域固定在右侧，并且导航按钮比例偏大，非常明显，便于突出游戏主题和引导用户快速了解并操作游戏。

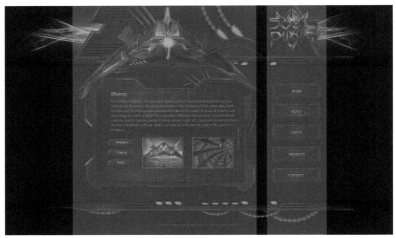

图 3-7

- **多列网格**

多列网格顾名思义，是使用两列以上的结构，将不同的内容或相同的内容有序地组合起来。多列网格也可以使用一定比例的不同宽度列来进行布局，如图 3-8 和图 3-9 所示。这种布局在瀑布流、博客、杂志、图片展示等领域运用非常广泛。

图 3-8

图 3-9

图 3-10 所示的网页案例用瀑布流的砖块布局（Masonry Layout）展示用户的作品，显而易见、便于访问，同时也能够容纳较多的信息。

图 3-10

● 模块网格

简单地说模块网格就是由等距离、等空间的无数小方格组成的行与列的组合。它可以针对比较复杂的信息进行布局，如表格、日历、图标、统计数据、不规则图片、图片不规则排列等。模块网格多用于一些信息量大或复杂的排版，也用于大多数普通常见的信息排版、非传统布局界面排版或偏向交互过程的网页界面排版。这类网页一般来说直观看上去并没有太明显的对齐感，但是它也遵循了网格参考线（不可见的非实体线）的对齐约束，或者是在使用过程中由一定的交互动画来完成最终的对齐效果。这种稍微复杂的信息结构，并不能靠单纯地使用单列或多列网格结构解决问题，因此才引入了模块网格这个概念，如图 3-11 所示。

图 3-11

图 3-12 所示的案例包含导航、表格、APP 图标、Banner、通栏文字等复杂元素，网站中每个模块都混合使用了单列、双列和多列结构，因此整个页面信息结构较为复杂。图中的淡红和淡绿色交汇区域，也是控制在网格的比例范围内的。

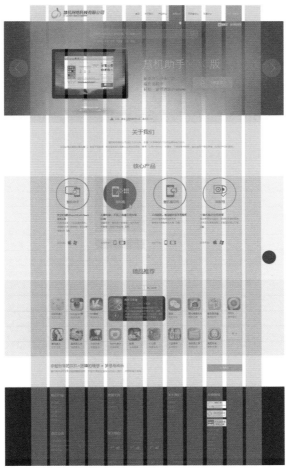

图 3-12

提示
　　上一章我们在制作线框图的过程中使用了 12 列网格系统，它和模块网格的案例图有些类似，那么网格系统和这一章的网格结构又有什么区别和联系呢？简单地说，"网格结构"重在表现信息的结构和层次，是一种网格的基本知识，并非设计过程中的工具。而"网格系统"作为一种工具和技巧，强调在设计过程中为设计师提供一个基础的网格，让设计师能够更好地运用不同的网格结构来展示信息。
　　在网格系统的辅助下，设计师可以有效地运用不同的网格结构进行排版设计。往往一个 12 列的网格系统可以表现为多种网格结构。

● 层级网格

层级网格从字面理解就是采用横向的分层，将信息有序地展示出来。一般来说，介绍产品功能的网站或单页网站，运用层级网格的方式展示是非常常见的。

通常情况下，层级网格都是搭配单列、双列、多列或模块网格使用的，在设计过程中，不单单需要考虑信息的纵向阅读，更要考虑信息的横向对齐与可读性，如图 3-13 所示。

图 3-13

图 3-14 所示的案例是一个单页网站，由上至下分别包含了全屏Banner、特色、团队、通栏广告、表格、页脚等模块，这些模块由上至下展示，增强了用户操作页面时的可读性。淡红色区域使页面信息分层级有序地展示给用户。

图 3-14

3.1.3　绘制网格前的准备工作

　　本章的开头部分提到过，绘制网格前需要考虑和评估一些事项，为了方便大家更加准确地使用 Photoshop 的网格系统，这一部分

内容就将大部分可能需要考虑到的事项列出来作为参考。当然，影响网格设计的因素远不止这几项，这里更多的是给大家提供一个设计指南，教会大家如何思考、如何更好地利用网格为界面设计服务。

　　创建一个网格需要那么多理论支撑，看似很复杂，其实这些理论在实践过程中，只是一瞬间甚至是仅利用一张纸就能完成的，所以大家不要将本书的理论想得太复杂、细致了。想要更好地运用这些知识，只需要大量练习和思考，就能达到目的。不要死记硬背，因为对于设计实践本身，知识的记忆并没有用。还是需要大家凭借不断的积累和沉淀，将这些理论知识融入自己的脑海，以不变应万变。

MULTI-PURPOSE

HOVER & CLICK

● **目标用户群体**

　　你所设计的界面面向的是哪一类目标人群：老人，小孩，16~26 岁的年轻女性，青少年，中学生，普通上班族，白领，婴幼儿，二次元少年……用户群体的定位、文字的大小、信息量的多少、图片的风格都会影响你的网格空间。例如，老年人需要偏大的文字，女性会更喜欢粉红色和一些浪漫的色彩，青少年比较喜欢一些唯美、质感强的图片等，类似这些体验，都会关系到你在设计网格时的空间结构。

　　图 3-15 所示是一家婚纱摄影机构的网站，主要服务于当地热恋中的年轻人，根据用户群体定位，使用红色会更显得喜庆和活泼。该网页使用了单列设计，将主题都集中展示在屏幕正中央。

图 3-15

● 界面功能性

当界面功能比较繁多时，需要考虑如何充分利用不同的网格结构来更合理地布置信息，增加界面可读性。当界面功能比较少时，则需要考虑如何运用一些技巧和手法利用好大部分空白空间；如何增强界面表现力；面对不同的功能，什么时候使用单列、什么时候使用双列或多列；层级网格中各层级的高度比例是多少，等等。对界面需要的功能进行一个全面的评估，也会大大减小视觉设计阶段的误差。

图 3-16 所示是一套 CMS 源码产品官方网站，因为网站针对的是软件，所以导航和整体结构中的功能都是与软件产品息息相关的。如皮肤主题、软件下载、产品介绍／演示、产品博客、留言反馈等。如何使用网格将这些功能合理进行布局，就是我们要思考的问题。

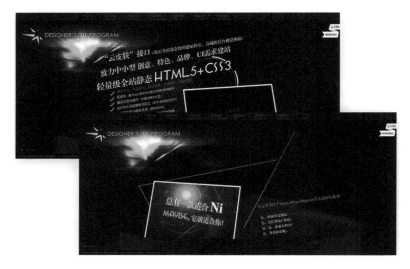

图 3-16

● 素材的复杂性

在经手一个项目时，客户会提供一部分素材和需求给设计师。设计师应该评估这些素材（图片、视频、文字、广告、色彩建议等）的复杂性，考虑如何处理好这些素材，大小和尺寸应该怎么控制，色调应该怎么调整，需要几行几列才能将这些素材放置到页面中，如何将自备素材和客户提供的素材相结合，等等。

使用什么样的网格结构来组合手中的素材，也是视觉设计前期和沟通环节必须要学会的一门重要功课。

图 3-17 所示是湖南某舞蹈培训生活馆的官网，客户提供了一些素材，如 Logo、标语、团队照片等，同时针对街舞的行业性质，笔者自己设计并加入了一些嘻哈风格的素材图片。这就将"如何使用客户提供的素材和创造需要的素材"这一命题简单运用到了实践当中。

图 3-17

● 度量单位

在新建一个项目文档时，需要考虑这个项目是平面设计、插画绘画、海报设计、印刷还是 Web 设计。不同的领域，会使用不同的度量单位。在 Web 领域，我们大多使用像素作为常用单位来做网页设计稿，所以需将 PSD 文档设置为 72 像素 / 英寸。随着前端技术的不断发展，前端开发过程中会将设计师的固定数值转化为相对灵活的数值来使用。

新建文档时，选择不同的选项卡，【打印】或【Web】，软件默认匹配的单位也是不一样的，在设计界面时一定要清楚地知道自己需要哪种度量单位，以及前端开发需要哪种度量单位，如图 3-18 所示。

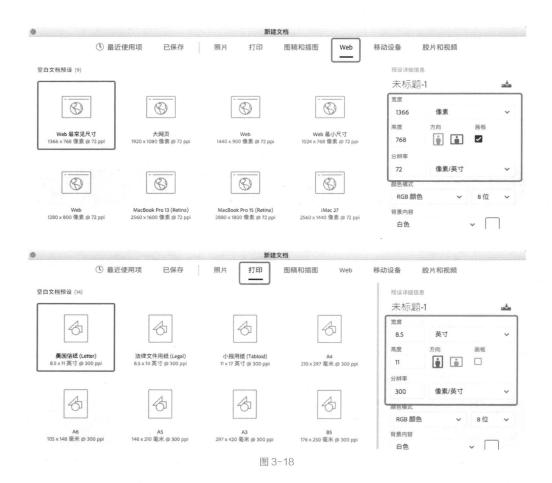

图 3-18

● 屏幕分辨率和尺寸

当面对 Retina 显示屏和普通显示屏时，我们需要考虑界面的设计尺寸、文档的内容尺寸和留白空间，考虑界面中使用过的任何一个图像和图标的类型与大小。在 Retina 显示屏或普通显示屏下进行设计时，需要创建合理的网格，它作为一个良好的设计约束，能够提高我们设计的效率和准确性。

图 3-19 所示是最直观的 Retina 屏和普通屏之间的像素点精度对比，大家在设计网页时，尽量生成 @2x 的图片（相当于在普通显示器下使用 Photoshop 设计的图片的 2

倍大小），能用 SVG 矢量图的尽量使用矢量图片，能用形状工具和文本工具的一律使用形状和文本。在 Retina 屏上 Photoshop 设计稿依然按照 72 像素 / 英寸的精度设计，如果按照 300 像素 / 英寸的精度去设计，会导致前端开发时无法正常匹配设计稿尺寸，计算就变麻烦了。网页适配 Retina 屏幕的过程中，我们只要考虑如何保证图片的清晰度及如何更好地完成响应式开发即可。

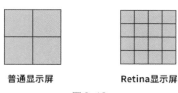

图 3-19

● 字体

字体在设计中往往起到灵魂作用。使用中文还是英文、字号多大、是否加粗、是否使用首字母下沉、版面中包含几种字体，这些都是设计师需要考虑的。字体用得好不好，很大程度上会直接影响设计的质量。面对用户，提高字体的可读性，是非常有必要的。在某个网格空间内，标题、副标题、段落、字体间距行距、标点符号等元素都需要设计师仔细斟酌。不错的排版设计能帮助用户更快、更准确地阅读内容。

图 3-20 所示的案例中，展示公司产品主题的主要文字和次要文字使用了不同的粗细、大小、颜色来区分，按钮文字也采用了合适的大小。由于整个页面比较简洁，留白空间（留白不等于背景是白色，相关知识会在后面的设计规范内容中详细讲解）比较大，所以要尽量控制好文字在屏幕中所占的大小比例。

图 3-20

● 模块的顺序

　　一个网页界面，可以由 Logo、侧边栏、导航栏、内容区、页头、页脚等模块组成，要将这些模块按照顺序有规律地布局到页面当中，一般可以靠网格来完成。打个比方，如果你的导航是固定不动悬浮于侧边的，根据用户从左到右、从上到下的阅读习惯，将导航放到左边更利于用户点击。这就决定了你可能使用双列网格做一个大布局，左边部分设置为 20% 的宽度，右边部分设置为 80% 的宽度，在这 80% 宽度的区域，你又可以使用其他网格结构来布置信息。

　　图 3-21 所示为一个游戏公司的网站页面，它的 Logo 和导航位于顶部，然后从上到下依次是主推的游戏和视觉展示、游戏订阅、游戏开发者和设计师、公司产品、页脚。每一个网站模块都有一个引导用户阅读的顺序存在，这些顺序恰恰也是设计师们设计网格和内容模块的基础。

图 3-21

3.2 网格的运用

3.2.1 页面分割方式

前面我们学习了网格，那么网格和页面分割有什么关系呢？简单地说，网格是合理处理信息的工具和基础。页面分割，是进行页面构图、空间布置的方法。利用页面分割这种方法，可以将网格有节奏地运用到界面设计中。页面分割在视觉层面是不可见的，它只是作为一种构图和排版方法运用到设计过程中。

一般来说，页面分割有以下明显特点。

· 能够给页面创造更清晰的场景感（这种场景一般多运用于专题、活动页面的设计，大家可以参考天猫、腾讯 QQ 的一些活动页面）。

· 能够更为直观地将故事主题融入设计（如使用波浪和曲线形状来贯穿整个页面，给人一种置身于大海的故事感）。

· 满足黄金分割法则，就能赋予页面一定的艺术特征。

页面分割在不同的设计领域可能会有不同的描述方式。本书仅仅针对 Web 领域做一个解读。页面分割，就是利用几何图形、线条、不规则形状，按照一定的比例对页面进行划分，使页面空间具有明显的秩序和层次感。页面分割其实是比较抽象的，利用一些页面分割技巧，可以使界面更富有活力和意境。按照数学概率的算法，页面分割的方式非常多。下面，我们通过一些案例，让大家更好地理解如何分割一个页面。大家只要知道如何运用就可以，在不断积累的过程中会不断掌握更多的分割技巧，以不变应万变。

● 斜线、三角形与不规则形状的组合

该婚纱摄影机构网站使用了非常明显的倾斜构图，突出显示了机构的 Logo、电话和导航，屏幕中央区主要是对整个公司的宣传标语和业务领域的展示，如图 3-22 所示。

图 3-22

● 圆弧与矩形相交

　　该案例使用圆形与矩形相交，绘制出一个非常醒目的视觉形式，主要展示机构的一些业务、产品和服务，避免了比较生硬的布局，如图 3-23 所示。

图 3-23

● 波浪线分割

　　图 3-24 所示的圣诞主题博客页面，使用波浪线作为页头和内容区域的分割线，更好地表现了冬季和白雪的主题。整个页面很简单，主要通过了上下等分的切割来布置信息。

图 3-24

● 矩形重叠手法

此案例相对比较复杂，使用了矩形的"重叠"，充分运用了重叠功能来布局和展示信息，在用户浏览过程中，网站的信息通过视差重叠效果来满足网格对齐，如图 3-25 所示。此案例属于精选商业案例，第 4、5 章将以此为例来详细讲解设计规范。

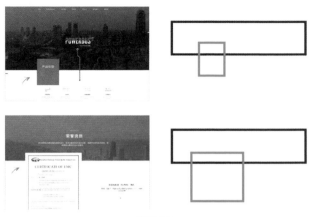

图 3-25

提示

可以在本书附赠的下载资源中查看图片的细节。

● 等分矩形排列

图 3-26 所示的案例是 Material Design 风格的播放器，该页面使用了从上至下的等分矩形分割页面，将信息按照非常明显的层次展示出来，同时便于操作。Material Design 是全球风靡的设计风格，也是 Google 创造的一种设计语言，本书的第 8 章会对 Material Design 做一个讲解和运用，让大家了解全球的设计趋势和一些方式、方法，跟上世界的步伐。

图 3-26

- 平缓、重复的曲线

图 3-27 所示是一个游戏活动的页面，整体使用了比较明显的曲线贯穿页头、页尾，增强游戏的质感和场景感。

图 3-27

3.2.2 网格的扩展运用

前面我们学习了一些针对 Web 设计的网格的基础理论和运用，现在我们要做一些有趣的思考。无论学习什么知识，我们都是想要达到一个能够运用和进一步思考研究的目标。那么在运用网格的基础上，如何更深入地进行思考和研究呢？下面，就来举一些例子，深入到 Web 界面设计和前端开发的体验中去，进一步理解网格给设计师带来的额外价值。

- 字体和段落

文字是网页设计的灵魂，没有文字，就没有设计。网页作为传达信息的一种媒介，在字体选择、段落样式、文字大小间距等方面都需要高度重视。那么下面我们就来说一说，在网格设计中，文字能够传达哪些感知。

- **字体的整体造型和图形化**

通过网格，可以将无数的文字组合成为一定的形状，赋予它们生动的造型来表现设计师的意图。网格作为基本的形状绘制和组合工具，能大大提高文字的造型能力。

- **字体搭配给页面带来的影响力**

在一定网格结构中，不同的字体组合会令人产生不同的第一印象。这种印象会带给人不同的心情，或者传达字体想要表达的不同感觉，如历史感、设计感、图形感、抽象感等。字体的尺寸要被网格约束，才能够更好地控制间距行距、控制段落效果，才能够将不同字体的形态更好地布置到合适的位置。

图 3-28 所示的案例是一套视频公开课程的卡通风格宣传单页，整个网站使用了CSS3 和一些动画元素，体现出趣味性。其中第 2 屏的字体设计将中英文文字组合成一个云朵的形状，表现互联网和云的概念；利用中英文组合，主要是体现时代感和满足设计开发的需求，给人一种略有国际化的感觉。同样，首屏设计的中文和拼音组合，意在表现这是专门针对中国用户的产品。不同的字体大小和排版，构成了基本的段落。

图 3-28

- 留白控制

在网格的空间内，我们对一些元素进行排版，同时留有一定的空白空间，留有一定的想象余地。为了精确控制元素的位置和留白空间，使用网格可以大大提高空间布置的安全性和精准度。当你打开一个页面，如果面对的是满满的文字和图片，那么很可能会感觉到不安或厌倦，体验会极其不舒适。

图 3-29 所示的页面设计使用基础的分栏网格，对中文字体、英文字体、中文段落、段落和按钮，都互相进行了一定的对齐，来保证页面留有一定的空间。这种空间，可以用来使人放松，可以用来闲置，给人一种略有愉悦感的体验。

图 3-29

- 色彩控制

很多时候，我们可以使用非常明显的色块来设计网站以体现整体感，这些色块都是有规律、有节奏地分布在网格系统中的。不同的色彩也会让用户对虚拟的网格参考线一目了然，甚至使页面本身就自带一种设计感。

图 3-30 所示的页面使用了非常简单的多列网格和层级网格，主内容区域和导航区域非常明显地被高亮的渐变色彩分割开来，既突出了这个网页的网格特性，也赋予了页面最直接的设计感。而这些色彩模块也是按照一定的网格比例填充绘制的，并没有打破网格本身的约束。

图 3-30

- 线条粗细

　　线条可以包含分割线、图片和模块的边线及整个页面的外框线，这些线条有粗细之分。如何恰当确定它们的粗细呢？利用网格的比例作为参考，设计师很容易调整合适的线条粗细，将网页的文字和图片都恰到好处地布置到网格空间中。

　　图 3-31 所示为一个摄影展示页面，不同粗细的线条，将导航之间的文本及图片明显地分割了开来。页面中，图片的大小、文字区域、导航区域都是被网格约束的，因此前端开发能够有效还原设计师想要的效果。大家一定要记住，任何时候做界面设计，都要考虑协作部分。提供给前端开发和后台开发的图是否能够按照正常的网格比例进行开发，是直接关系到项目质量和效率的。

图 3-31

- 图片图像

　　图像在网格中的应用非常明显，图像的大小、精度、响应式等方面都必须受网格约束，否则可能造成图片浏览或自适应过程中一些不好的体验问题。

　　图 3-32 所示的博客页面，有头部的轮播切换图片，有侧边栏的图片，有博客列表的不同尺寸的自适应图片。它们在网格约束下，给用户创造了最基本的信息可读性。

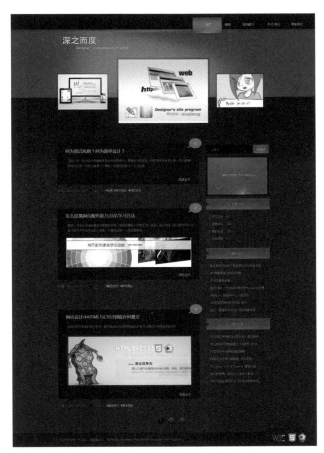

图 3-32

- 透视

对网格进行一定角度的变换，得到透视网格，可以在这个基础上进行一定的创意设计。

图 3-33 所示的设计利用了 2.5D 风格的等角透视，对网页中的所有元素做了透视处理和设计。整个页面是放置在一个透视网格基面上的。如果大家对透视不是很了解，可以自己去了解学习美术相关的透视知识。

图 3-33

前面已经举例说明了一些关于网格运用的扩展及可以深入研究的领域，还有更多的扩展需要大家自己去发现，本书就不再一一举例。下面，我们做一个简单的自测。从下一章就开始正式学习 Web 设计规范，并贯穿理论和高质量案例配合详解。由此开始讲解本书中最重要的内容，大家务必将前 3 章的基本功打扎实。设计规范是对前 3 章内容的一个全面升华和总结，可以运用于任何项目。

3.3 网格设计自测

网格是一个在设计中非实体存在的东西，它是一种工具。这一章的自测，目的就是学会更加熟练地运用这个工具。

测试时间：

3 小时内。

测试内容：

分析豌豆荚、淘宝、支付宝等官网运用了什么样的网格结构，以及运用了哪些分割方式，这些分割方式对用户浏览过程的体验会产生哪些意义。

要求：

能够在看到一个作品时，知道这个作品的背后是如何运用网格的。

O4

Web 界面设计
参考规范

（基础篇）

4.1 关于规范

4.1.1 概念

前 3 章，我们对 Web 设计的学习进行了热身，同时也是正式学习和运用设计规范的一个前期准备。在前 3 章的案例实战和讲解中，我们也零零散散运用了一些基础的规范，只不过并没有明确指出这个案例运用的某个知识点就是一种规范。本书的其中一个核心体系就是设计规范的学习和运用，从这一章开始，我们将会进入全面系统的 Web 设计规范学习。本章内容会将前 3 章中使用过的一些规范重新整理出来，方便大家在项目遇到疑难时随时查阅。

这里专门指出是 Web 设计规范，因为设计规范的知识面很广，可以包括 APP 移动界面设计规范、车载系统界面设计规范、智能手表 UI 设计规范等，不同的设计领域都有相应的设计规范。设计规范并不是让大家去死板地"遵守"，它作为一种工具和思维方式，是对设计师最基本的考验。了解和运用规范，能够大大提高项目的质量，并且让你的设计有据可依。那么难点在于什么呢？你需要经过不断的积累，不断学习知识，突破这些规范，在这些规范的基础上，去创造属于你自己的设计风格。这是一个漫长的过程，并不是学习一本书就可以让你变得无所不能。我们看过的很多非常优秀的国内外网页，无论是 UI 还是前端，无论它有多么的另类有创意，或者布局上有多么的自由，在设计的背后，都会有一个规范去约束它。这种约束给用户提供了一个最基本的良好体验，增强了信息的可读性，遵循了用户的行为标准。没有规范的约束，设计将变成在一张空白的纸上涂抹乱画。下面，就让我们来简单了解 Web 设计规范这个概念。

通俗地说，Web 设计规范就是用来确定网页设计中的一些设计关键点和审美指标、增强设计的可行性和可用性的规则和描述。大家可以将它理解为是一种工具、一种思维方式或一类参考资料。

本章及第 5 章中的设计规范的运用将使用 Powerbus 这个商业案例（如图 4-1 所示）作为参照讲解。具体的案例制作过程可以参照第 2 章中的线框图基础绘制阶段和线框图视觉设计阶段的内容，这里不赘述。掌握了第 2 章的知识点和 Photoshop 的使用技巧，你就能够按照这个程序完成 Powerbus 设计稿。本书中讲解的案例设计过程，并未涉及游戏风格或手绘风格，这类型的风格需要比较强的美术基础和比较丰富的软件技巧，属于课外提升的范畴。另外，本书的第 7 章将会从零开始融入设计规范，一步一步讲解界面设计的方法和技巧，以及完整的用户友好页面的思考与设计过程，用来巩固设计规范、思维方式和软件技巧。

特别注意

本书中所提及的设计规范，并不是一个永远固定的死板的东西，它是笔者在不断的学习实践过程中总结整理出来的一个标准，在所有项目中均会用到，而且都会作为设计必需的参考。规范仅仅作为参考使用，不要被所谓的规范束缚。理解，永远比单纯学习更具有价值。

本书不会将按钮大小、表单设计、Banner 设计、Logo 标识设计、布局排版等类似的会在不同项目中产生巨大差异的因素列入设计规范名单，它们在不同的项目中可以完全不同，因此并不适合作为通用或必须使用的设计规范。

Powerbus 设计图很长，如果看不清细节，可以浏览本书附赠的下载资源，资源中有高清的设计大图，可以完整地看到网站每个部分的细节。

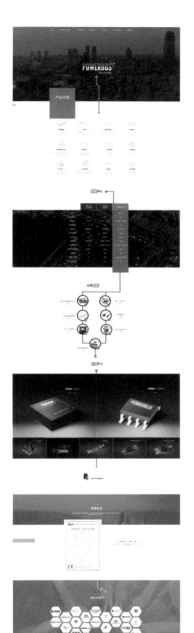

图 4-1

4.1.2　学习Web设计规范的重要性

　　既然设计师可以不用遵守任何规范就可以进行 UI 设计，那我们为什么还要特别强调设计规范的学习？下面，我们就来了解一下学习 Web 设计规范的重要性和必要性。

　　·利于培养良好的设计习惯，培养处理细节的能力。

　　·遵循规范的 UI 界面，能够更好地与前端开发协作，满足网页的 W3C 国际标准，满足大众用户的体验需求。

　　·建立一种合适的工作流程，提高 Web 设计的质量和效率。

　　·为自己的设计创造约束条件，提供有效的参照物。

　　·利用规范可以使你的设计有理有据，利于与客户沟通，减少不必要的争端。

　　·设计规范为你的整个 Web 知识体系构建良好的学习框架，对未来发展、对工作都会有深远的影响。

4.1.3　导致Web设计差异的常见因素

　　对于设计师来说，如何正确看待自己的作品和别人的作品，作品与作品之间有什么差异和联系，都是值得思考的问题。下面，笔者用自己的眼光，结合自己的案例进行对比，对造成作品之间差异性的因素做一个归纳总结，供大家参考。

　　以下，用于比较的案例都是来自前 3 章中的案例。为什么不使用新案例，主要原因是每一个案例都不仅仅包含了设计规范、网格、线框等方面知识，还包含了一些隐性的对比和联系。也许看上去简单的案例，真正设计起来并不是那么容易，因为我们要考虑的因素真的很多，甚至包含了客户的主观因素。使用这些案例，也是为了让大家更加深入地了解设计。本书的知识体系，同样也将横向和纵向融入其中，求精而不求泛。

● 核心字体

　　同样是中文字体，运用在不同风格的页面中，字体选择也不尽相同。在第 1 个案例中，核心字体使用了无衬线的方正细黑，简约时尚。第 2 个案例使用的是方正兰亭超细黑。大家要注意，部分字体用户的系统内可能并未安装，所以我们需要在 CSS 中指定其他类似的衬线或非衬线字体。一般情况下，设计过程中不要使用过于个性的第三方字体，因为如果使用前端开发手段将第三方字体加载到页面中，中文字体库会特别大，造成页面访问速度急剧下降。英文字体则不存在这种情况，因为英文中只有 26 个字母，字体库一般都能控制在有效的范围内，一般可以使用 Google Fonts 来直接加载第三方英文字体，如图 4-2 所示。如果字体在图片中，可以使用稍微个性化的中文或英文字体。

方正细黑

方正兰亭
超细黑

图 4-2

　　字体是 Web 设计中的灵魂，它的作用不容小视。不同的网页，只是运用不同的字体，就能够产生非常巨大的风格差异。字体的选择，也反映了不同的心情和概念，如中文隶书和中文黑体，传达的韵律、对历史的联想都不尽相同；再比如，哥特类英文字体和节日类流线型英文字体，在整个设计的视觉特性上和对页面的气氛渲染上都是不一样的，如图 4-3 所示。

方正隶书　→　方正黑简

Gothic　→　festival

图 4-3

● 形式感

　　图 4-4 所示的两个案例使用了不同的交互方式，虽然它们都是无刷新页面，但是一种是需要滚动屏幕浏览的长单页，一种是点击导航全屏切换的无滚动条单页。它们在设计风格上，一种相对直观，一种具有一定的布局创意和表现力。绿色的案例是介绍印象笔记这款产品的，蓝色的案例是展示产品、团队和公司的公司网站。从整体来看，网页的外观、构图、色彩感觉、行业特性和使用方式给不同的网页创造了不同的形式感，这种形式感给用户带来了不同的心理感受和情感体验。

　　如果从细节上看，两个案例都存在"标题 + 描述"的类似元素，都存在特大的核心字体，导航都是在顶部，甚至导航高度也差不多，都存在纯形状色块。这些细微的相似处，会存在于非常多的网页中。如果在对比学习不同网页时不能够用合适的方向去研究它，就无法找出它们的差异性和值得学习的地方。这也是在该部分内容中要学会的一个"欣赏能力"。

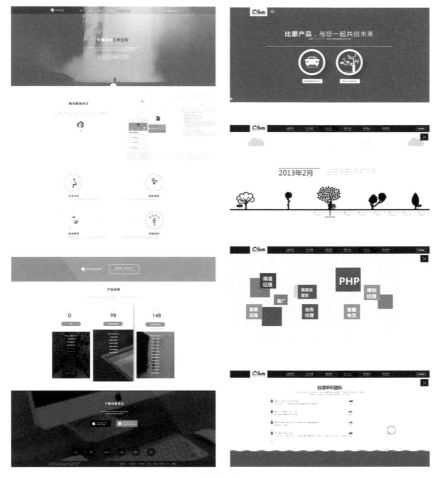

图 4-4

- 醒目色

　　色彩是设计中最直观的一种元素，不同的色彩涉及不同的心理学。在这一章的规范中，我们会详细讲解色彩的心理学。先让我们简单对比这两个案例：都是博客，彰显圣诞气息的博客页面使用红色作为醒目色，彰显科技感的博客页面使用了紫色和黑色，同样的双列网格布局、同样的行业类型，色彩不同，传达的感觉也不一样，如图 4-5 所示。

图 4-5

- **核心素材**

　　单素材的处理和使用，在很多类型的网页中也是至关重要的。素材运用得当，也能给人创造良好的第一印象。图 4-6 所示的两个案例，从首屏 Banner 的素材可以看出，一个是移动互联网风格，一个是 Hip-Hop 嘻哈风格。素材的选择，将网页的行业类型表现得直观、鲜明。

图 4-6

- **风格**

　　网页的风格，可以简单划分为游戏、博客、3D、产品、商务等。风格可以用来表现行业特性、设计师的创意，也可以用来进行人机交互。风格也是区别不同网页的一种因素。图 4-7 所示的两个案例，一个利用了简洁、紧凑的图片展示的风格，一个运用了 2.5D 的卡通游戏风格，两个页面的创意和设计思想都直接传达给了用户。

图 4-7

- **交互体验新技术运用**

　　交互体验新技术主要体现在使用网页的过程中人对眼前的事物如何操作，以及人如何被事物引导。眼前的页面，使用了什么样的手段传达信息？是声控、视频、360° 全景。还是扁平化设计？这些非常明显的技术差异，能够拉开不同网页之间的差距。由于交互体验是需要通过实际操作才能得到的体验，无法直接用图片描述，大家可以自行浏览不同的网站，去发现它们不同的操作体验方式。

- 图标风格

　　网页图标是一个大家容易忽略的小细节。与页面风格契合的图标能给页面带来画龙点睛的效果。图 4-8 所示的两个案例中的图标有非常明显的风格差异，一个采用了无明显边框的线条式风格，一个采用了圆形粗边框的纯色风格。两种图标都采用扁平化设计，是为了方便设计鼠标指针悬浮时的图标动画。一种图标传达了科技和新鲜感，另一种传达了粗犷的信息感。

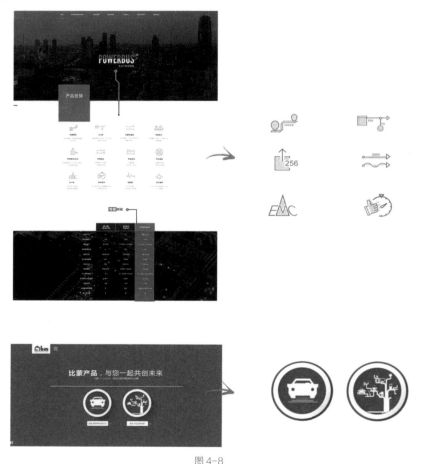

图 4-8

- 表单

　　表单用于采集用户输入的不同类型的元素。现在是一个信息交换的时代，在页面中，信息的交换很大程度上和表单有关联。好的表单设计，能在用户输入信息时给用户带来愉悦感或新鲜感。当然，表单中还有一个重要的细节——按钮。按钮的风格和交互方式也在一定程度上影响了表单的体验。表单设计与网页本身的风格也相关联，不同的风格具有明显的体验差异，如图 4-9 所示。

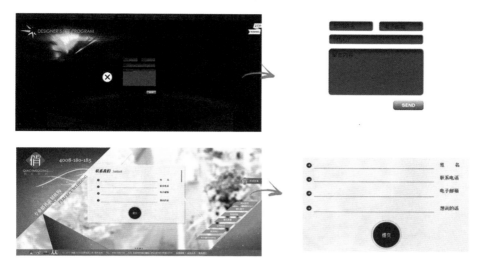

图 4-9

● 其他

当然，造成页面差异的因素不仅仅是以上提到的那些方面，以上只是对之前讲解过的案例做一个深入对比和分析，让大家更好地理解如何判断差异性、寻找切入点。学习完差异性，我们就能对不同的网页产生一种不同的直觉和欣赏力。带着这些直觉，就能够更好地学习和认识规范。

4.2 屏幕尺寸与分辨率

4.2.1 知识点

我们做线框图和建立网格系统，都要根据屏幕的属性来进行参考，那么我们需要对屏幕的一些常用属性做一个简单的了解。为什么我们一定要基于屏幕的属性来进行参考呢？网页是使用电脑的浏览器浏览的，也可以使用移动设备的浏览器浏览。这些浏览器在不同的设备下具有不同的尺寸和分辨率，在做开发时，需要兼容各种设备。而设计师则需要根据具体情况设计 PC 端的图片和其他尺寸的图片，以辅助开发者更好地对设备做适配。相对而言，设计一个 PC 端的界面要比移动端的复杂，考虑的因素也会更多。因为 PC 端尺寸较大，能放置的元素也较多，同时也可以使用各种高端 HTML5 技术提高网页的交互性能。Web 设计和 APP 设计有一定的差别，现在互联网发展很快，也诞生了很多 Web 框架，如 PhoneGap、Mavo 等，可以高效地开发与原生 APP 语言媲美的 Web 移动端应用。下面，我们简单讲解屏幕的尺寸和分辨率。

● 概念

·屏幕尺寸就是指屏幕的大小，通常用英寸表示，指的是屏幕对角线的长度。我们通常就是用大屏幕／小屏幕或宽屏来直接形容屏幕的尺寸，比较具象。

·分辨率是指在长和宽的两个方向上各拥有的像素个数，不同屏幕不一样，像素密度（像素／英寸）越大屏幕显示得越清晰。例如，同样是 15 英寸的笔记本电脑，Retina 显示屏和普通显示屏显示的图片效果和质量是不一样的。我们常说的 1920 像素 ×1080 像素或 1024 像素 ×768 像素这种数值搭配，就是指分辨率值。

● 区别与联系

屏幕尺寸和分辨率还是有一定的区别和联系的，我们可以简单地这样理解它们。

·由于屏幕硬件的性能，一般来说尺寸越大的屏幕，越能够具有更多的像素，也就是越能够具备较大的分辨率。

·同样大小的屏幕，可以使用不同的分辨率来显示图像。

·分辨率与屏幕上可用的空间有关，这个空间就是所谓的大小与尺寸。

·屏幕分辨率是一把双刃剑，并不是分辨率越高就越好，特别是对于设计师来说，合适的分辨率能够让你更加方便地做出合适的设计。设计师需要时刻考虑不同分辨率下的显示效果。

● 设计师的UI稿分辨率参考数据

设计师在 UI 设计过程中，并不会基于尺寸设计，而是基于分辨率的大小来设计，如表 4-1 和表 4-2 所示。一种屏幕尺寸可以使用多种分辨率。屏幕的尺寸（英寸、宽高比）数据就不在表格中标明了，大家只要明白尺寸和分辨率的关系即可。

表 4-1 平板电脑和 PC 显示器尺寸

屏幕宽度（分辨率值）	屏幕最小高度（分辨率值）	全球使用分布比例
768 像素（平板参考值）	1024 像素（平板参考值）	–
Lower	Lower	4.40%
1024 像素	768 像素	3.00%
1280 像素	1024 像素	5.00%
1280 像素	800 像素	4.00%
1366 像素	768 像素	35.00%
1920 像素	1080 像素	17.00%
2560 像素及更高	1440 像素	31.60%

数据由 W3C 统计，2017 年 1 月

表 4-2 智能手机尺寸

（单位：像素）

设备类型	屏幕分辨率
Nokia 230，Nokia 215，Samsung Xcover 550，LG G350	240×320
Alcatel pixi 3，LG Wine Smart	320×480
Samsung Galaxy J1（2016），Samsung Z1，Samsung Z2，Lumia 435，Alcatel Pixi 4，LG Joy，ZTE Blade G	480×800
Huawei Y635，Nokia Lumia 635，Sony Xperia E3	480×854
Samsung Galaxy J2，Moto E 2nd Gen，Sony Xperia E4，HTC Desire 526	540×960
iPhone 4，iPhone 4S	640×960
iPhone 5，iPhone 5S，iPhone 5C，iPhone SE	640×1136
Samsung Galaxy J5，Samsung Galaxy J3，Moto G4 Play，Xiaomi Redmi 3，Moto G 3rd Gen，Sony Xperia M4 Aqua	720×1280
iPhone 6，iPhone 6S，iPhone 7	750×1334
iPhone 6S Plus，iPhone 6 Plus，iPhone 7 Plus，Huawei P9，Sony Xperia Z5，Samsung Galaxy A5，Samsung Galaxy A7，Samsung Galaxy S5，Samsung Galaxy A9，HTC One M9，Sony Xperia M5	1080×1920
Samsung Galaxy Note 5，Samsung Galaxy S6，Huawei Nexus 6P，LG G5	1440×2560
Sony Xperia Z5 Premium	2160×3840
设计稿常用参考值： 750×1334，1080×1920	

数据由 DeviceAtlas 统计，2016 年。

● 前端开发的CSS响应式代码段参考数据

以下为当网站使用或未使用前端框架时用于自定义样式表的对照参考。

（1）常用图片流。

```
@media all and (max-width: 1690px) { ... }
@media all and (max-width: 1280px) { ... }
@media all and (max-width: 980px) { ... }
@media all and (max-width: 736px) { ... }
@media all and (max-width: 480px) { ... }
```

（2）常用于稍微复杂的基本响应。

```
@media all and (min-width:1200px){ ... }
@media all and (min-width: 960px) and (max-width: 1199px) { ... }
@media all and (min-width: 768px) and (max-width: 959px) { ... }
@media all and (min-width: 480px) and (max-width: 767px){ ... }
```

```
@media all and (max-width: 599px) { ... }
@media all and (max-width: 479px) { ... }
```

（3）基于 Bootstrap 3.x 全球主流框架。
```
@media all and (max-width: 991px) { ... }
@media all and (max-width: 768px) { ... }
@media all and (max-width: 480px) { ... }
```

（4） 基于 Bootstrap 4.x 全球主流框架。
```
@media all and (max-width: 1199px) { ... }
@media all and (max-width: 991px) { ... }
@media all and (max-width: 768px) { ... }
@media all and (max-width: 575px) { ... }
```

（5）基于 Material Design Lite（MDL）材料设计框架。
```
@media all and (max-width: 1024px) { ... }
@media all and (max-width: 839px) { ... }
@media all and (max-width: 480px) { ... }
```

（6） 常用于 Retina 屏幕图片适配（@2x）。
```
@media(-webkit-min-device-pixel-ratio:1.5),(min--moz-device-pixel-ratio:1.5),(-
o-min-device-pixel-ratio:3/2),(min-resolution:1.5dppx){ ... }
```

4.2.2 运用

　　第 4、5 章的 15 个常用设计规范的运用都会以 Powerbus 这个网站为案例进行讲解。那么我们先来简单了解 Powerbus 这个产品。Powerbus 为可供电总线技术，是业内唯一可以支持大功率负载供电和高速通信的总线技术。这个项目其实是在原网站采用多级简单页面的基础上，做一个整体升级和改版，最终改版后的 PC 端效果如图 4-1 所示。此项目的设计初衷如下。
　　· 网站不但要作为公司主站，还要具备一定的宣传营销作用。
　　· 由于产品的内容非常复杂而且专业性较强、表格较多，和其他产品网站（如手机电脑产品网站、公司网站、商城等）相比，在内容比例设计上会有很大的不同。
　　· 为了达到快速直接的营销作用，将网站设计成无刷新单页的形式是一种比较好的选择，这样能够快速将所有产品的核心信息一目了然展示给用户。
　　· 网站采用一定的故事性设计，有一个主线，体现出技术与设计上的创意，跟上时代潮流。
　　· 支持响应式，能在不同的设备上访问。

无论做什么项目都必须花时间和精力去体验、了解这个产品，只有对产品有一个全面的认识和稍微深入的理解，才能够把控整个网站的信息构架。这一点非常重要，也许你设计一个 PSD 只需要几天，但是沟通和理解过程可能需要半个月甚至更久。经过与客户之间的详细沟通，以及对这个产品长时间的理解和学习，笔者总结出这个网站不宜按照下面的方法进行设计开发。

　　· 不适合使用全屏切换效果。因为产品包含了较多表格类和拓扑图信息，这些信息在不同的屏幕尺寸下，如果使用全屏切换效果，会导致信息被压缩和裁剪，对于用户理解和浏览信息是一个致命伤。全屏效果确实是介绍产品的一种很好的交互方式，但是它的前提是文字信息量一定不能过多，图文搭配一定得简练、突出重点。因此类似一些手机、电脑的产品展示单页的效果，就不能够运用到这个网站中。

　　· 不能将网站元素比例做得很大。因为 Powerbus 中文版网站面向的用户大多是中国用户，中国用户用 IE 浏览器的比例相当大，这类 Powerbus 产品用户的电脑一般配备的不会是非常大的屏幕，甚至还可能是配置不高的设备。因此面向不同的人群，需要考虑到 IE 的兼容性和效果适配。（由于笔者本人也负责此网站的前后端开发工作，对界面设计的理解可能会比不懂前端技术的设计师更加深刻。如果你不了解前端，就需要配合前端工程师，做好设计与开发的技术性沟通工作，千万不能当独行侠，要尽量避免设计和开发的冲突问题。）

　　根据设计规范中的屏幕尺寸与分辨率参考表格，为了能够适应至少 1920 像素宽度的显示屏效果，这里采用 1920 像素宽度作为 Photoshop 的画布尺寸。为了能够满足 Powerbus 大部分的用户群体，内容设计上将满足基本的 1366 像素宽度的笔记本电脑，在“**安全宽度**”规范中，再考虑适合 1366 像素范围的安全宽度值。

　　利用屏幕尺寸与分辨率这个规范，同时根据不同的用户群体和用户设备，我们可以确定一个基本的画布尺寸和设计方向，这是非常重要的。这个分析到确定的过程，也是比较复杂的。考虑到前端开发的必要性，只要设计出 PC 端的设计稿，就可以很方便地使用前端技术实现响应式功能，满足平板电脑、手机等设备的浏览需求。

小提示

　　在某些项目中，设计师需要根据前端工程师的需求，设计对应的平板电脑和手机的版本，以辅助前端开发。这些版本都是在 PC 端的效果图基础上进行设计的，省时省力，而且快速、高效。因为 PC 端的网站尺寸过大，包含的内容要比移动端多得多，设计的细节上也更加复杂，相对于移动端的 Web 设计，PC 端更难把控。一般来说，APP 和移动界面的设计，也都有基本的控件设计规范，设计师必须先掌握了这些设计规范，才能够更加灵活地发挥自己的创意和设计能力。规范也可以说是一种可用性的体现，或许你已经在不知不觉中感觉到了学习 Web 设计规范的重要性。

　　如果你具备前端开发能力，并且对项目的前后端开发做了详细的规划和思考，那么可以在 PC 设计图的基础上，快速使用前端技术完成配套的响应式设计。为了节省时间、避免重复设计的成本，可以不用单独再设计移动端的效果图，只需要用纸和笔画出大概的思路即可。

　　本书第 7 章的纯实战案例，会讲解配套的移动端 Web 的设计过程，大家可以在此章的演练中更深刻地体会设计与前端开发的关系。

很多人在设计一个网页前，不知道应该建立多大的画布，不知道如何确定页面元素的宽高比例，这是很正常的。通过本书的设计规范的学习，问题会迎刃而解。

经过了漫长的项目分析，我们得到了最终的 Photoshop 设计稿画布数据。可想而知，一个小小的【新建文档】操作，包含的思考过程和信息却是非常多的。大家在正式开始项目设计前，一定要重视这个简单的第一步。由于此网站的设计是单页形式，那么肯定会需要很长的页面，所以我们将一开始的画布高度设定为 5000 像素，方便网站整体结构的观察和设定，如图 4-10 所示。如果高度过高或过矮也没关系，在实际设计过程中增减即可。

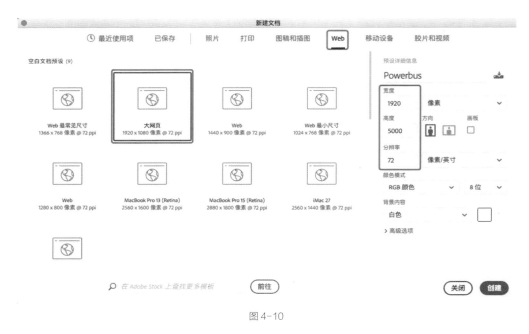

图 4-10

4.3 页面安全宽度

4.3.1 知识点

宽度一直是设计中需要重视的一个方面，无论是 UI 还是开发，宽度的把控会直接影响整个项目。界面设计和前端开发都需要保证网页在某个分辨率下图片、文字、布局、按钮等元素的正常比例和正常显示效果，比例不能过宽或过窄，否则容易造成阅读障碍。那么在某个分辨率下，我们使用一个固定宽度值来作为基准进行设计和开发，这个固定值就是**安全宽度**。

笔者经过无数实践，总结出表 4-3 供大家参考。

表 4-3 安全宽度和高度（仅作为参考数据）

分辨率（像素）	安全宽度范围（像素）	推荐值	
		宽度（像素）	高度（像素）
1024×768	980~1002	980	548
1280×800	1190~1200	1190	580
1366×768	1200~1331	1200	548
1440×900	1200~1405	1200 或 1331	680
1920×1080	1200~1405	1200 或 1331	855
2560×1600	1689~1885	1689	1220
如果前端开发基于 Bootstrap 框架，则 PC 端设计稿的安全宽度如下： Bootstrap 3.x: 1170 像素 Bootstrap 4.x: 1200 像素			

这个表格需要经过很多项目实践才能充分地理解，大家如果不能掌握也不要着急。它作为 PSD 文件设计初期的重要参考数据，是非常值得大家利用的。为什么笔者将简单的宽度和高度、分辨率、尺寸弄得那么复杂呢？大家仔细想想，一个单纯的网页图片是没有商业价值的，网站是为了更好地为人服务，我们在设计时要充分考虑各种设备、浏览器，要考虑与你协作的人，还得考虑最终的效果，所以综合成本就增加了很多。相比几年前，现在对设计师、开发者的要求都在提高。而且宽度和高度对于网页来说是非常重要的，能否在短时间内吸引用户注意，很大程度上也受精准的宽高设定影响。

4.3.2 运用

建立好基本的画布，并且将内容控制在 1366 像素这个范围内以适应较小屏幕的笔记本电脑。下面，我们需要确定安全宽度。选用 Bootstrap 3.x 框架作为网站的基础框架，网站设计稿应该和基于前端开发的 Bootstrap 3.x 框架一致，所以以 1170 像素为安全宽度进行设计。

如果不使用 Bootstrap 3.x 框架，那就以 1200 像素为安全宽度。 虽然笔者曾经写过一套框架 Dsure，也能够不使用框架创建基础的样式系统，但是在前端开发过程中，为了避免重复开发的成本、节约时间、提高质量效率，使用一些国际上流行的框架还是很有必要的。在这里我们只使用 Bootstrap 3.x 的 CSS 文件。每一个框架可能都会有很多扩展，甚至包含 Javascript 文件，设计师要懂得根据不同的项目来进行筛选。使用 Bootstrap 3.x 框架能够快速满足网格系统和响应式的需要，因此不用花大量时间去重复设计一套具有响应式功能的 CSS 网格系统。

如何建立指定安全宽度的网格系统，本章就不再详细描述，大家参考第 2 章的线框图设计即可。图 4-11 所示标注了网站使用的安全宽度。

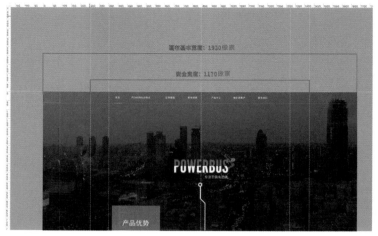

图 4-11

4.4 页面首屏高度

4.4.1 知识点

当我们打开电脑或移动设备的浏览器时第一眼看到的区域，就是所谓的首屏。这里我们只以 Chrome 浏览器为基准，除去选项卡、菜单栏、书签栏和状态栏的高度总和，剩下的高度就是首屏的高度。此数据并不是绝对的，具体高度差值由网站的内容设计决定。首屏高度在 UI 设计过程中，也需要确定一个参考值，首屏高度能够作为设计过程中的各个元素（如文字、图片、表单、按钮的大小和位置、色彩比例等）的结构参照。在前端开发过程中，可以通过代码有效控制首屏高度。

首屏有其重要的意义，网站的核心信息是否能在最短时间内进入用户的视线，是否能够被用户记住或给用户留下印象，是否能够在不同的浏览器和屏幕下将网站的核心信息传达出去，这是非常重要的。在某个首屏参考高度内的设计的好坏，可能直接影响到网站的营销能力和盈利。

首屏高度也可以说是页面的安全高度，大家只需要参考前面的表 4-3 中的高度数据即可。

这里既然说到安全高度，那必然会涉及图片尺寸。无论是首屏还是第 2 屏、第 3 屏……，都可能用到高清的大尺寸图片，这个图片的高度并不等于首屏高度（768 像素），而是约等于创建 PSD 画布大小时的基本分辨率（1920 像素 ×1080 像素）的高度（1080 像素）。再说直白一点，PSD 文档画布为 1920 像素 ×5000 像素，不修改高度的画布正常比例是 1920 像素 ×1080 像素。案例基于 1366 像素 ×768 像素（可以参考本书"4.2.1 知识点"中的表格）这个常用分辨率去设计界面，为了兼容较大显示屏的设计效果，画布宽度肯定要大于 1366 像素，所以笔者选择常用的 1920 像素作为设计稿宽度，由于 Photoshop 的画布尺寸宽度是 1920 像素，那么这个将要填满浏览器整个窗口的图片的尺寸应该要满足 Photoshop 的画布宽度，选择一个符合分辨率标准的尺寸，图片就使用 1920 像素 ×1080 像素的尺寸（参考表 4-4）。在页面的每一个分屏范围内，由于使用了图层剪贴蒙版，不可能将整个图片都显示出来，图片的高度会被剪裁一部分。相当于我们在网页界面看到的图片尺寸是 1920 像素 ×768 像素（实际上这个图是 1920 像素 ×1080 像素）。为了将图片的"主要文字和内容"区域尽可能显示完整，图片的高度才需要控制在 768 像素范围内。这样做的好处是：在不同分辨率的显示屏下，能保证这个大尺寸图片的核心内容不会因为屏幕太矮而被剪裁掉，保证图片的关键信息能够完整地呈现给用户。

表 4-4　全屏图片尺寸及首屏参考线（仅作为参考数据）

单位：像素

图片尺寸	首屏参考线高度参考值	图像可视区、核心内容区安全高度参考值	说明
1280×850	850	620	–
1366×768	768	560	–
1680×1050 1440×900	900	710	–
1920×1080 1920×1200	1080	855	常用
2560×1600 2880×1800	1600	1220	常用于 Retina 屏

4.4.2　运用

既然已经选择了 1920 像素作为画布的基本宽度（分辨率为 1920 像素 ×1080 像素的显示屏），选择了 1366 像素作为内容宽度范围（分辨率为 1366 像素 ×768 像素的显示屏），那么根据首屏规范的参考数据，我们可以使用 768 像素作为设计稿的首屏参考线，使用 560 像素作为内容的安全高度参考线，来布局按钮、文本、Logo 等元素。以上这些基本的首屏参考关系如图 4-12 所示。

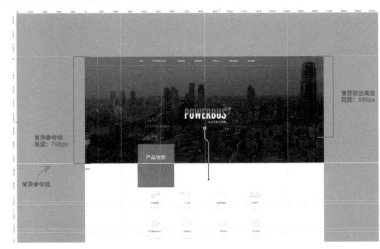

图 4-12

图 4-13 所示是提供前端开发使用、切图导出的全屏图片，图片尺寸为 1920 像素 × 1080 像素。它在 PSD 设计稿中只是作为剪贴蒙版的一部分使用，并不能够将整个图片完全展示到设计稿中。在前端开发过程中，这张全屏图片将使用 CSS 样式来调整透明度，首屏还将运用一个动态的视频背景搭配此图一起使用。所以导出的这个全屏背景和网页上所看到的效果图色调是不一样的，它没有经过透明度处理，显得更加明亮和清晰。

图 4-13

小提示

　　在前端开发过程中，一般会使用 CSS 代码对页面进行全屏自适应，所以在 PSD 设计稿中是无法表现不同情况下的全屏尺寸的，设计师只需要根据规范选择合适的参考值进行设计即可。

4.5 栅格（网格）系统

4.5.1 知识点

　　前面的内容中，我们学习过线框图和网格，使用了广义的方式让大家从意识上去理解网格的概念，并没有给出一个确切的说法。既然网格被明确列入了 Web 设计规范，下面就对网格系统做一个比较直观的概念归纳。

　　网格也叫作栅格，在界面设计和前端开发中，网格由一系列垂直和水平线构成，用于将页面垂直和水平细分为边框、行、列、行间和列间空格（沟槽）、文字块、图像块等。这样的细分形成了布局的模块化和系统化，是一种沿用了很多世纪的方法。

图 4-14 为 基 于 Bootstrap 框架的 12 列网格示意图（也称为 12 栅栏），每一列的宽度是 70 像素，沟槽宽度为 30 像素，整个内容区域的宽度为 1170 像素。图 4-15 为按照比例组合划分的模块示意图。从这两个图中可以看出，网格的模块化非常明显，能够非常合理地将信息排序，使整个页面有节奏感。网格在实际的 Web 中是看不到的，它一般用于前端代码和 Photoshop 参考线。

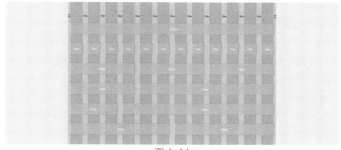

图 4-14

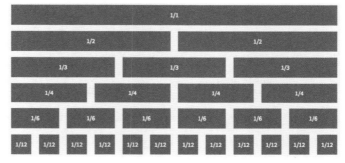

图 4-15

提示

如果大家无法看清图片，可以浏览本书附赠的下载资源文件查看高清晰度的网格示意图。

网格系统在网页设计中的作用如此重要，原因如下。

· 使用网格是一种规范，是一种良好的设计习惯。
· 网格使设计具有节奏感和空间感。
· 网格本身提供了无数的黄金比例，使信息的布局井然有序。
· 网格提高了设计师和开发人员的协作效率和质量，规范了基本的工作流程。
· 网格能很好地作为 Photoshop 的设计工具和一个标准来适配前端代码。

网格系统一般都控制在安全宽度范围内。在不同的项目中，使用多少宽度的网格或几列的网格，都是根据设计师和前端开发的具体需要来决定的，并没有一个完全固定的标准。当我们确定了一个安全宽度时，就可以利用 Photoshop 快速而精确地计算并绘制网格参考线，建立合适的网格系统。

4.5.2 运用

要运用网格系统，我们首先要建立基于 Bootstrap 3.x 的参考线。执行【视图→新建参考线版面】菜单命令，将安全宽度设置为 1170 像素，那么宽度为 1920 像素的文档，安全内容区域左右两边的间距就是 (1920-1170)÷2=375 像素。然后建立一个常用的 12 列的网格（前端开发框架中常用的也是 12 列），每列网格之间的留白空间宽度（沟槽）为 30 像素，Bootstrap 3.x 框架中沟槽的宽度是 30 像素。将数字填写到对应的对话框表单内，即可创建标准的纵向（垂直）参考线，如图 4-16 所示。

图 4-16

图 4-17 为相对于整个界面的网格结构示意图。

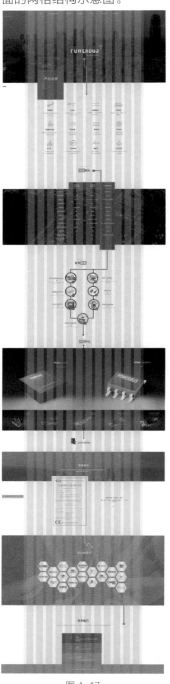

图 4-17

4.6 页面组成部分

4.6.1 知识点

　　网站从整体上来说是完全抽象的，我们看不到所谓的设计标准和模板框架。当我们确定一个网站的信息构架时，我们真正要设计的其实是文字图形、链接和外观的集合。一个独立的页面，由许多子元素和子模块组成，这些内容构成了整个页面模板框架。经过设计师无数的积累和实践证明，网页结构是可以预测的，它们逐渐具有了一些基本的组成部分。尽管并不是所有的网页都有相同的组成部分，但是大多数网页都包含了用户熟悉的页面模块，包含了用户熟悉的位置，以及用户熟悉的阅读方式。下面，将常见的网页中的基本模块（也可以称为组件）列出来，大家应该将这些内容记住，在设计过程中脑子里一定要有一个框架。通常网页的这些组成模块，在前端开发过程中都需要使用语义化的英文，所以这里列出了中英文对照，如表 4-5 所示。

表 4-5　网页组成模块的中英文

Navigation	导航
Header	头部区域、页头
Body Page Title Breadcrumb Navigation Paging Navigation Page Title	内容主体（包含了下面的常用元素） 页面标题 面包屑导航 分页 页面标题
Footer	底部区域、页脚
Logo or Identity	网站标识、网站名称
Copyright	版权声明、版权信息区域
Banner	横幅区，由符号、图形、口号、材质等元素组合而成

提示

　　由于各个组成部分都没有具体固定的位置，它们的具体位置由实际项目和设计师的发挥来决定，所以这里就不方便使用一个形象的"页面"示意图来说明。大家只要知道常见的这些组成部分，理解它们在一个独立页面中的作用和传达信息的方式就可以了。

　　这些组成部分的概念是基础，而且很抽象，为了减少大家在阅读本书时可能对理论产生乏味感，大部分知识都是笔者重新整理后用简单的语言表述出来的。如果大家想对这些组成部分的概念追根究底，可以自己找一些资料去了解。复制理论和概念，从来都不是本书想要传达的一种学习方式。

4.6.2 运用

确定页面由哪些模块组成之前，首先要对 Powerbus 这款产品进行细致的学习和理解，同时积极与客户沟通设计想法，完成简单的交互原型图。这个原型图要将网站的模块清晰地表现出来，便于线框图和视觉设计，也便于与客户的图形化沟通。通过这个图，可以清晰地看到这个页面的设计思路，包含交互设计的一些图形化，如图 4-18 所示。

从图 4-18 可以看出，整个网站包含了下面的几个模块。换一种说法，在这个单页设计中，我们也可以将其称为分屏，即包含了 7 个主要分屏。

· 第 1 屏：即首屏，包含了 Logo、动画、导航主体等元素。

· 第 2 屏：产品优势。

· 第 3 屏：性能对比，需要使用表格来表现。

· 第 4 屏：应用领域，采用时间轴、故事性的方式来贯穿。

· 第 5 屏：产品中心。

· 第 6 屏：合作客户，使用了六边形的蜂巢布局。

· 第 7 屏：联系我们。

为了贯穿所有分屏，做好承上启下的效果，案例采用了故事性的方式，后期将使用前端技术实现具有视差和科技感的时间轴效果。这样能够使网站显得有一定的创意，具有一定的趣味性。大家如果想在线体验，可以通过搜索引擎搜索产品官网进行访问。

> **提示**
>
> 在实际的线框图和视觉设计过程中，可能会对分屏和一些思路做实时调整，可能增加或减少模块。由于纸张的空间有限，不利于做一个高清的思路表达，所以笔者采用了自己的方式，使用了自己设计的交互原型模板来做每一个项目沟通的草稿。因为设计师在项目设计过程中，是很容易受周围的环境、客户的需求或其他因素影响的，所以利用一个比较清晰的草稿图来引导自己、规划自己的思路，是非常有益的。
>
> 如果看不清图 4-18，可以浏览本书附赠的下载资源的高清图，下载资源也提供了该交互原型图的 PSD 模板，大家可以根据需要在未来的项目中使用。

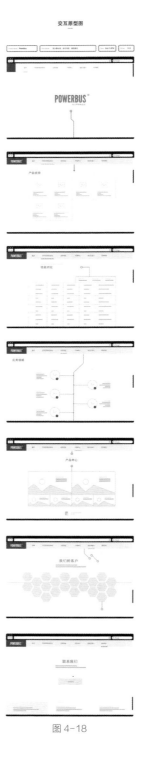

图 4-18

图 4-19 为最终效果图的网站结构组成示意图。

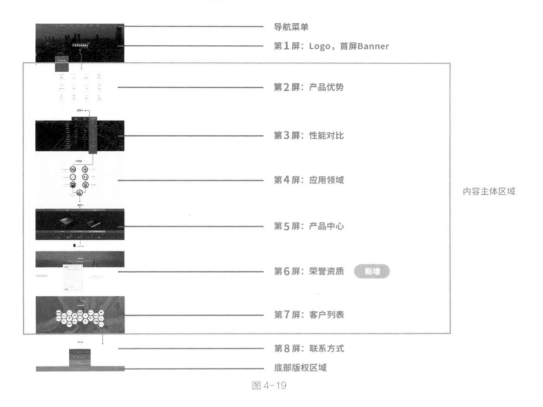

图 4-19

4.7 中英文字体规范

4.7.1 知识点

文字的重要性在前面的内容中已经强调过多次。那么我们在设计网页时，针对文字也有一定的参考规范，包括字体的选择、文字大小、不同设备的默认字体、衬线和无衬线字体、字体搭配、比例、行高、间距缩进等。在一个简单的页面中，文字往往存在非常多的细节，无论是对于一个新人，或是有经验的设计师，还是前端开发者，字体的处理并不是一件容易的工作。只有不断地积累、思考、总结，我们才能逐渐掌握文字的运用，才能处理好文字的细节问题。

- Web安全字体

　　安全字体，是 Web 设计规范中必须要知晓的一个概念。在设计和开发 Web 时，应该确保网站在大多数将要访问的计算机上看起来舒服。大多数用户会使用 Windows 或 Mac 系统来浏览网页，两种操作系统都带有预先安装的字体，这些字体应该作为网页的首选字体。如果默认的字体无法满足需求，应该尽量避免第三方中文字体，适当使用第三方英文字体（如 Google Fonts）。表 4-6 和表 4-7 展示的是不同的操作系统中预装的常用于 Web 渲染的字体，这里没有将过旧版本的系统字体列出。表格仅供参考。

表 4-6　网页默认常用安全中文字体

Windows 系统	MacOS 系统
微软雅黑：Microsoft YaHei（as of Win7+）	苹方：PingFang SC
黑体：SimHei	冬青黑体简体中文：Hiragino Sans GB
宋体：SimSun	华文细黑：STHeiti Light、STXihei
新宋体：NSimSun	华文黑体：STHeiti
仿宋：FangSong	华文楷体：STKaiti
楷体：KaiTi	华文宋体：STSong
仿宋 _GB2312	华文仿宋：STFangsong
楷体 _GB2312	
备注：考虑到前端开发需求，越往上的字体优先级、美观度越高，低版本操作系统可能会丢失一些美观度较高的字体	

表 4-7　网页默认常用安全英文字体

Sans Serif Web Safe Fonts（无衬线安全字体）	Serif Web Safe Fonts（衬线安全字体）	Monospace Web Safe Fonts（等宽安全字体）
Helvetica（最安全）	Courier	Menlo
Arial	Courier New	Monaco
Tahoma	Georgia	Consolas
Trebuchet MS	Times	Courier
Verdana	Times New Roman	Courier New
Arial Black	Palatino	
Impact	Garamond	
	Bookman	
备注：考虑到前端开发需求，越往上的字体优先级、美观度越高，低版本操作系统可能会丢失一些美观度较高的字体		

- 前端开发必备字体知识

　　以上两个表格可以用于 Photoshop 设计参考，那么在前端开发的环节，我们也应当了解一些字体组合。通常在 CSS 样式中可以设置一组按优先级排序的字体，如果浏览器不支持第一种字体，则会尝试下一个。这样就保证了网页在不同操作系统、不同浏览器下的安全渲染。通过上面的两个表格，笔者又结合自己的经验整理了下面的参考数据。

表 4-8 和表 4-9 涉及前端开发和 CSS 样式，大家可能不容易理解，没关系，这些知识一般都是在协作过程中慢慢积累的，所谓熟能生巧。作为 UI 设计师，你也可以完全不去学习前端相关的一些知识，但是笔者并不建议这样做，因为 Web 的界面设计和前端开发是息息相关的，互相不能脱离。如果你能够熟悉部分前端知识，对设计、对工作都是非常有帮助的，这个能力也可能作为你个人的一项优势。

表 4-8 CSS 常用字体（font-family）组合参考

字体类型	组合写法
英文	"Helvetica Neue", Helvetica, Arial, sans-serif
中文	"PingFang SC", "Hiragino Sans GB", STXihei, "Microsoft Yahei", SimSun, Simhei
中英文	-apple-system, "PingFang SC", "Hiragino Sans GB", "Helvetica Neue", Arial, "Microsoft YaHei", "WenQuanYi Micro Hei", sans-serif
字体粗细：400，相当于关键字 normal	

即使你已经学会了选择安全的字体，也还有很多字体的细节需要学习，如字体的粗细、大小、行高间距等。不同的字体搭配，根据具体的项目需要由设计师自己把握。本书的设计规范中主要是列举必须用到的一些知识点。表 4-9 是常用的 HTML 标签所用到的字体大小和行高的一个数据统计，供大家参考。

表 4-9 CSS 不同的标签常用字体大小（font-size）和行高（line-height）参考

HTML 标签	大小 / 行高 （PC Desktops 台式机）	大小 / 行高 （Tablet 平板电脑竖版）	大小 / 行高 （iPhone 手机）
body	14 像素 /1.71428571429	与第 1 列相等	与第 1 列相等
h1	4em/1.14285714286	2.8125em/1.15555556	2.38461538462em/1.38461538462
h2	2.8125em/1.2	2em/1.421875	1.71428571429em/1.28571428571
h3	2em/1.25	1.4375em/1.625	1.4375em/1.5
h4	1.38461538462em/1.33 333333333	与第 1 列相等	与第 1 列相等
h5	1.14285714286em/1.5	与第 1 列相等	与第 1 列相等
h6	0.85714285714em/2	与第 1 列相等	与第 1 列相等
blockquote	1.14285714286em/2		

提示：
· CSS 中的 line-height 值不需要附带单位，直接使用纯数字即可，如 line-height:1.25
· 本表格除了 body 标签使用了像素作为固定单位，其余标签都是基于这个值换算 em 值
· body 默认字体大小可以为：12~16 像素
· em 单位的换算方法：将 4em 换算成像素，由于 body 默认像素大小为 14 像素，那 4×14 像素 =56 像素，那么 4em 就是 14 像素的 4 倍，即 56 像素
· 大字不要使用宋体，小字是点阵渲染，比较美观，大字则不然

字体的常用单位有 px、pt、em、rem。我们在选择字体单位时，也需要知道一些常见的方式方法。选择"字体单位"要注意以下几个方面。

· 值得注意的是，设计网页时，Photoshop 中使用 px 或 pt 作为单位，前端开发中 px、pt、em、rem 都会用到。

· 为了提高文本可读性，字体一般使用 12~16 像素作为最小值。

提示

笔者是根据自己在常用案例中的习惯，按照像素的固定单位去计算的 em 值，因此会出现很多位小数。小数位数过多，在 CSS 中可能会看起来多余或看不出效果，但实际上很多时候是需要精确的。这些数值仅作为一个参考，在实际项目中，大家需要根据需求去确定不同的字体大小和行高。

4.7.2 运用

在 PSD 设计稿中，为了保持 Windows 系统和 Mac 系统的一致性，中文字体使用了"黑体"，英文字体使用了"Helvetica Neue"，便于主观地观察整个页面的字体效果。在字体选择过程中，应尽量避免在不同操作系统下偏差太多的设计，否则可能会影响前端开发。Web 设计不同于平面设计、广告设计，它需要在浏览器中渲染，用户的设备中必须要存在某款字体，才能够按照设计师的想法渲染出效果。所以 Web 设计应该尽量使用安全字体，特别是中文字体，如图 4-20 所示。由于英文字体字库体积较小，可以适当使用第三方字体，如 Google Fonts。

图 4-20

前端中的 CSS 样式指定了字体序列为：-apple-system, "PingFang SC","Hiragino Sans GB","Helvetica Neue",Arial，"Microsoft YaHei","WenQuanYi Micro Hei",sans-serif。这意味着在 Mac 系统下网站的中文字体将优先使用系统默认的苹方字体，在 Windows 系统下网站的中文字体将优先使用系统默认的微软雅黑字体。英文字体则优先使用 Helvetica Neue。前端代码参考如图 4-21 所示。

图 4-21

4.8 布局规范

4.8.1 知识点

上一章我们学习了网格，利用网格我们可以使用不同的分栏或切割方式对内容进行布局，那么在布局内容时，需要遵守一些什么样的法则呢？以下内容列出了几项在设计或使用网页的过程中常见的情况。

· **文字布局**

根据大众的阅读习惯，常用"由上至下，由左至右"的顺序来布局网页；少量语言文字的阅读顺序是"从右往左"的，如阿拉伯文和波斯文。

· **图片布局**

根据适当的图片比例，在满足图片可读性的基础上对图片进行排列、缩放。常见的比例有 4:3（800 像素 ×600 像素）、16:9（1280 像素 ×720 像素、1920 像素 ×1080 像素、2560 像素 ×1440 像素）、16:10（1280 像素 ×800 像素、1920 像素 ×1200 像素、2560 像素 ×1600 像素）。

· **感官布局**

说得直白一点儿，就是人在第一眼看到某个页面时的第一印象，瞬间映入眼帘的网页结构。它主要受网格布局方式影响，具体可以参照本书第 3 章的知识点。

· **透视布局**

这里说的透视，不仅仅只包含了第 3 章讲述的网格透视。它也可以是利用一些技巧手段给页面营造一种特殊的氛围和场景，或者将整个页面设计成立体结构，使页面具有较强的空间感。这种布局遵守了基本的美术原理，即"一点""两点"或"三点"透视。

布局规范往往和国家文字、人的阅读习惯、美术原理等息息相关，在设计中主要起到一个统观全局、控制节奏的作用。这里所说的布局，字面意思就是布置全局，即对页面的整体构思、总体的结构安排。本书中讲解的很多规范都属于细节性规范，而布局规范属于整体性规范。在设计一个界面或进行绘画时，设计师也会不断重复从整体到局部、从局部到整体的过程。面对一个网站项目，我们要学会从整体观摩，也要学会从细节深入。单独脱离开来设计，不仅仅给自己带来麻烦，还会给团队协作带来麻烦。

4.8.2 运用

Powerbus 中文版网站面向的群体为中国普通用户。按照正常的浏览习惯，网站使用"由左至右""由上至下"的顺序。网站中使用的全屏大图，按照 1366 像素 ×768 像素的屏幕分辨率（即 16:9 的比例）设计，如图 4-22 所示。

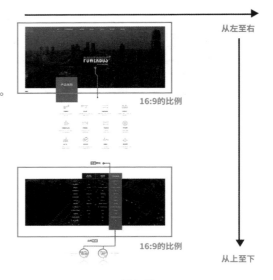

图 4-22

4.9 色彩

4.9.1 知识点

色彩在设计领域起着至关重要的作用，也是很难掌握的一项基本功。色彩也属于一门体系非常庞大的学科，本书的设计规范部分专门针对 Web 中必须要了解的、常见的一些色彩常识和技巧，做一个归纳和总结。在网页设计中，大家可以按照下面的思路去学习色彩常识。

这里不讲过多的概念，主要使用图片和简单的描述，让大家快速理解一些常见的色彩常识。如果大家想深入学习色彩，需要自己去阅读专业的美术类图书。本书的色彩规范，并不是长篇大论的理论知识，更讲究快速了解和简单运用。

下面的几个概念，需要大家理解后，再配合本书中的图例快速掌握。这些概念一般在美术类专业图书中都会有详细的说明。

色环，又称色轮、色圈，是将可见光区域的颜色以圆环来表示，为色彩学的一个工具。一个基本色环通常包括 12 种不同的颜色。

· 对比色，在色环图中相对呈 180°，也就是直线两端的颜色，互为对比色（又称为补色）。

· 冷暖色，在色环中，以绿色和紫色两个中性色为界，红、橙、黄等为暖色，深绿、蓝绿、蓝等为冷色。

· 类似色，在色环图中，相邻的两种颜色即为类似色。

· 色相，指的是色彩的外相，是在不同波长的光照射下，人眼所感觉到的不同的颜色，如红色、黄色、蓝色等。

· 明度，指颜色的亮度，不同的颜色具有不同的明度，如黄色就比蓝色的明度高。在一个画面中合理安排不同明度的色块有助于表达作品的感情色彩。例如，如果画面中的天空比地面明度低，就会产生压抑的感觉。

· 原色，是指不能透过其他颜色混合调配得到的"基本色"。

· 饱和度，指色彩学中色彩的纯度或饱和程度。

提示

以上概念引用自维基百科。

● **色环、色相、明度、对比色、冷暖色**

为了将这几个概念的联系和区别表现得更加直观易懂，笔者将这几个概念整合到了一起，方便大家快速理解，如图 4-23 所示。

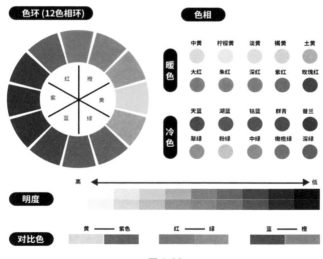

图 4-23

提示

如果大家无法看清图 4-23，可以浏览本书附赠的下载资源文件查看高清的色彩理论示意图。

- 三原色

　　三原色分为两种。

　　第 1 种为红绿蓝（RGB），常见于光源、显示屏，如图 4-24 所示。

　　第 2 种为红黄蓝，常见于反射光、颜料油漆，如图 4-25 所示。

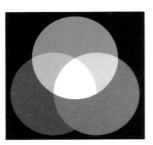

图 4-24

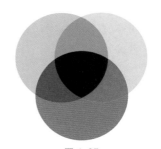

图 4-25

- 无色系

　　简单地说，无色系就是黑白灰，如图 4-26 所示。现实生活中，无色系色彩的运用是相当多的。

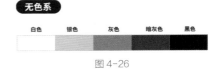

图 4-26

- 类比色、互补色、单色、分裂补色、二次色

　　类比色也叫相似色或类似色，互补色也叫对比色，它们的概念见本书"4.9 色彩"开头部分。单色即纯色。分裂补色即同时使用补色和类比色来确定的一种色彩关系。二次色即"间色"，也可以称为三位一体。为了将这几个概念的联系和区别表现得更加直观易懂，笔者也将这几个概念整合到了一起，方便大家快速理解，如图 4-27 所示。

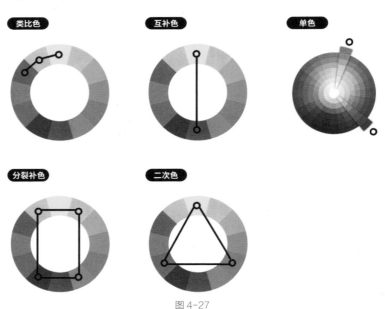

图 4-27

- CMYK

C、M、Y 分别是 3 种印刷油墨英文名称的首字母：青色 Cyan、品红色 Magenta、黄色 Yellow。而 K 即 Black 最后一个字母，之所以不取首字母，是为了避免与蓝色（Blue）混淆，如图 4-28 所示。

图 4-28

- 色彩心理学

每一种色彩都会有其衍生含义，会给人带来不同的情绪如喜怒哀乐，这些情绪往往涉及心理学。这就是常说的色彩的内涵，以及色彩传达的意义。表 4-10 展示了西方文化的色彩内涵，在实际运用中可以作为一个参考。

表 4-10 西方文化的色彩内涵

	红色	刺激、激励、饥饿、愤怒、暴力、血液、生物学
	橙色	活力、友好、冒险、奢侈、质量、异国情调
	棕色	泥土、树木、舒适、永恒、价值、粗糙、勤劳、耐用
	黄色	太阳、热、快乐、财富、清晰、能量、警戒
	绿色	自然、生长、能量、安全、新鲜、质朴、毒性、疾病
	蓝色	水、天空、平静、安宁、可靠、智慧、灵性
	紫色	神秘、妥协、财富、怀旧、戏剧、魔力
	白色	权威、纯粹、清晰、全知、整体、灵性、静止、安宁
	灰色	正式、典雅、冷淡、不可捉摸、华贵、技术、精确、控制、能力、不确定
	黑色	不可知、支配性、虚无、外部空间、夜晚、死亡、唯一性、优势、尊严

同样，既然说到心理学，其实设计经常会涉及人们的心理。大家如果感兴趣，可以找一些设计心理学相关的图书进行学习，提高一些对设计、对人的感知能力。

- 偏色调整

在使用颜料玩色彩时，偏色调整是比较常见的。使用 Photoshop 进行色彩设计时，也可以利用一些方式，如透明度调整、图层叠加模式的变换、曲线调整、色阶调整、饱和度调整来解决偏色问题，将某个原本不是太和谐的色彩，用细微的方式来加以修正。下面，举几个例子来说明如何进行偏色调整。

· 偏黄：减黄。
· 偏红、品：加青（红色的补色）、减品。
· 偏紫：（多大量蓝，少量红）加黄，减品。
· 偏绿：加品。
· 偏暗：加白。

● 色彩记忆感

　　我们熟悉了一些基本的色彩原理之后，还需要
熟悉 Web 设计中的常用配色。可以将它们记住，
培养一种色彩感知能力。记住常用色彩的英文名称
对于前端开发是非常有帮助的（CSS 样式可以识
别常用色彩的英文名称）。

　　图 4-29 所示为网页设计中的常用色彩，在背
景颜色和文字颜色的决策中都可以进行有效利用。
这些色彩在明度和饱和度上有一定的差异和联系，
能够帮助我们更好地培养色彩感。

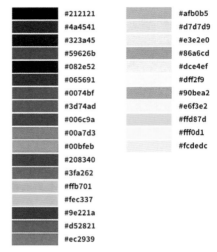

#212121	#afb0b5
#4a4541	#d7d7d9
#323a45	#e3e2e0
#59626b	#86a6cd
#082e52	#dce4ef
#065691	#dff2f9
#0074bf	#90bea2
#3d74ad	#e6f3e2
#006c9a	#ffd87d
#00a7d3	#fff0d1
#00bfeb	#fcdedc
#208340	
#3fa262	
#ffb701	
#fec337	
#9e221a	
#d52821	
#ec2939	

图 4-29

4.9.2　运用

　　掌握了一些色彩原理知识，就能够更好地利用工具去驾驭色彩。如果只是使用工具来
配色，或者不使用工具直接根据感觉来配色，是无法正确处理色彩关系的，除非你的美术
功底比较扎实。这种色彩关系如果处理不当，不单会影响设计的效果，在感情的传达、细
节的挖掘甚至在设计的公信力方面都会有所折扣。所以建议大家还是抽时间学习一些色彩
原理，夯实美术功底。做网页可以没有美术功底，可以没有色彩功底，甚至在这种情况下
也可以做得非常漂亮和讲究。但是，这往往就是你与一些优秀的人之间的本质上的差距。
如果想要坚持不懈，必须提高自己各方面的综合能力，只有这样才可能长期热爱 Web 设
计和开发。单纯地利用网页来作为自己的生存之道，是无法体会到它真正的魅力的。

　　根据这些色彩原理，我们来使用工具快速制作一个配色方案，并想办法分析和看懂这
个方案。客户提供的素材中，Logo 是固定的，因此获取 Logo 的红色作为醒目色，使用无
色系（如黑白色）来作为主色。（如果使用红色为主色，与产品、企业有些不符，并且比
较刺眼，容易造成普通人群的视觉疲劳。）使用 Photoshop 的自带扩展【Adobe Color
Themes】制订一个简单的配色方案（之前的版本是叫 Kuler），并将色彩添加到【颜色】
面板，方便视觉设计阶段使用。当然，你可以不使用任何工具，凭借自己的能力进行零配色，
但是为了提高效率，建立更加准确的色彩关系，建议使用 Photoshop 自带扩展来建立配
色方案。虽然在视觉设计阶段不一定会用到所有的颜色，但是有一个比较准确的色彩关系
作为参考也是很有必要的。也可以使用其他独立的配色软件来辅助制订配色方案，不一定
要使用 Photoshop。

按照图 4-30 所示的操作，色彩关系选项选择"二次色"，调整一个让你感觉舒服的配色方案。

· 第 1 步：使用【吸管工具】，设置 Logo 的红色为"前景色"，此颜色就是配色方案的基础色。

· 第 2 步：从【Adobe Color Themes】面板中选择要添加基础色的位置，用鼠标左键单击一次即可。

· 第 3 步：用鼠标左键单击图示按钮激活并添加前景色到该位置。

· 第 4 步：选择不同的色彩关系，用鼠标拖动色轮节点可以调整色彩细节。

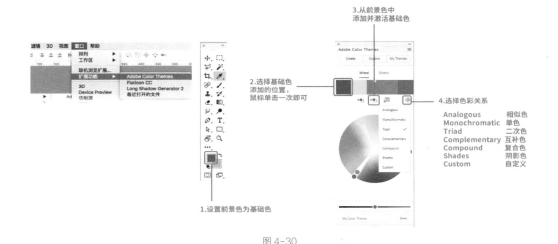

图 4-30

接着用鼠标左键单击图 4-31 所示的按钮，将色彩序列添加到色板中，执行【窗口→色板】菜单命令可以将色板显示出来，然后在视觉设计阶段就可以重复使用这些颜色。

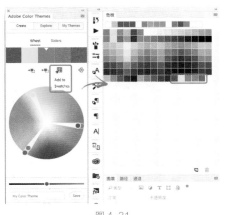

图 4-31

4.10 图片与多媒体输出

4.10.1 知识点

当完成 Photoshop 设计稿后，会需要进行一些图片相关工作，这个阶段的工作通常称为图片与多媒体输出。在输出这些元素的过程中，会用到一些小技巧来提高图片质量、减小图片的体积，输出符合 Web 规范的一些资源。

· 使用 PNG 图片压缩工具。Mac 系统可以使用 ImageAlpha，Windows 系统可以使用 PNGoo，直接通过浏览器访问在线平台压缩可以使用 TinyPNG。

· 网页中常用的像素图片格式有：JPEG、GIF、PNG。

· 网页中常用的矢量图片格式：SVG。

· 网页中常用的视频格式有：OGV、WEBM、MP4。

· 网页中常用的音频格式有：OGG、MP3、WAV。

· 使用 Photoshop 存储标准的 Web 格式的图片。通过执行【文件→导出→存储为 Web 所用格式】菜单命令实现。

4.10.2 运用

首先我们先保存设计好的效果图，执行【文件→导出→存储为 Web 所用格式】菜单命令，选择 JPEG（即 JPG）格式，将效果图保存到电脑桌面，如图 4-32 和图 4-33 所示。

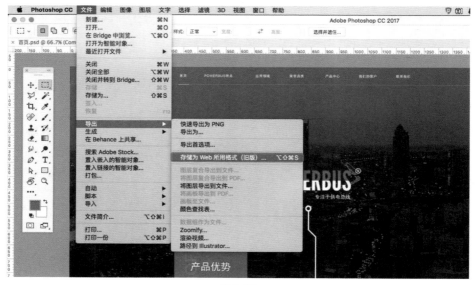

图 4-32

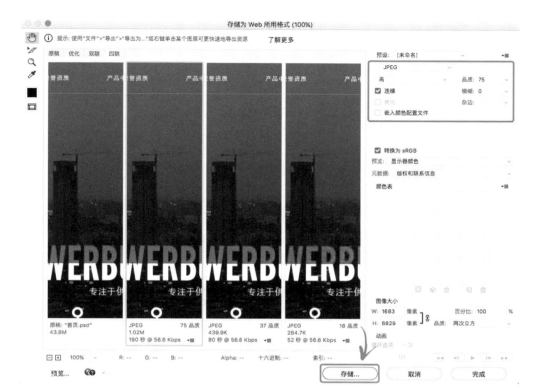

图 4-33

可以在图 4-33 所示的对话框中设置图片品质，其默认为 75。如果选择导出 PNG 图片，会有 png-8 和 png-24 两个选项，一般选择 24 位的 PNG 图片。由于 Photoshop 对图象的算法并不能够保证 PNG 图片是最小体积，因此需要使用规范中推荐的 PNG 图片压缩工具再次压缩 PNG 图片。

如果要对网站进行切图，则不要使用【切片工具】。因为往往前端开发需要的素材并不是 PSD 设计稿的每一个图层每一个部分，切片工具主要是运用于整个图片序列的导出，而不是运用于网站不同图层和素材的导出。要有针对性地导出 PNG 或 SVG 等格式图片。用鼠标右键单击相应的图层或文件夹（文件夹也是可以直接导出的），选择执行【快速导出为 PNG】或【导出为】命令，即可快速准确地将需要的素材导出到桌面，如图 4-34 所示。

图 4-34

如果选择执行【导出为】命令，可以将图层或文件夹导出为 SVG 格式。SVG 格式的图片在 Web 运用中的好处就不在本书中细说了，如果大家感兴趣可以自己去搜索 SVG 图片相关的优越性进行学习。最后将 Logo 文件夹保存为 SVG 格式，如图 4-35 所示。

图 4-35

特别注意

由于 Photoshop 和 Illustrator 对 SVG 图片的算法会有一些差异，为了安全起见，导出需要制作 SVG 动画的图片，一律使用 Illustrator 这款矢量设计软件。Powerbus 的 Logo 使用了 SVG 动画，经过对比，Illustrator 导出的图片能够正常使用 CSS3 规范动画。虽然笔者建议使用 Illustrator 导出 SVG 图片，但一般情况下笔者并不是使用 Illustrator 直接导出，而是从 Illustrator 里复制 SVG 的 HTML 代码，删除不需要的冗余代码后直接用于前端开发。

对于前端开发中需要的其他非图片素材，如音视频等，可以使用其他音视频专业软件进行处理。

本章一共讲解了 9 个基础设计规范，这些规范都是比较具象的。第 5 章我们将学习剩下的 6 个抽象的设计规范。具象与抽象相结合，是本书想传达的一种规范运用方式。大家结合本书第 2 章的案例制作过程，思考一下印象笔记官网 Redesign 运用了哪些设计规范。

05

Web界面设计
参考规范

（提高篇）

5.1 深入理解设计规范

上一章的 Web 设计规范主要包含了设计过程中常用的和必须用到的知识体系，这些知识在设计的初期阶段及整个过程中起着承上启下的作用。通过这些参考规范，我们能够轻易地扩展更多的属于自己的常用规范。其实在笔者自己的资料库中，和网页相关的设计规范远远不止这些，但是并不需要全部列出，因为有一些规范是根据这些最基础的规范做的一个衍生和总结，作为扩展规范运用到实际项目中。大家通过本书的设计规范学习，也应该学会一些扩展规范的思维方法。下面列出一些条目作为例子，教给大家一些扩展规范的思维方式。

· 根据常用的字体规范，思考不同风格的页面常见的按钮大小、按钮文字、圆角直角效果、按钮背景和文字颜色。

· 根据常见的页面组成模块，思考不同风格的页面中这些模块（Logo、导航、页脚、侧边栏等）常见的位置、比例和布局特点。

· 根据常见的色彩原理，思考不同风格页面的常用色彩搭配（一般主要色彩控制在 3 种以内）和常用色彩值。

· 根据常见的屏幕尺寸和分辨率规范，思考移动端页面的字体、按钮等 Web 元素的常用规格。

上面提及的这些条目，也可以整理成设计规范，但是由于它们受网页风格和需求的大幅度影响，并不能够编写出一套通用的规范，所以大家只要掌握好本书第 4 章中提及的设计规范，就可以灵活地扩展自己需要的规范。本书并不建议大家去死记硬背这些规范，而是希望大家能够学会一种利用规范来创建规范，利用规范来突破规范的方式方法。每一个项目，因为有了设计规范，才会变得更加有理有据，变得更加有可读性和学习趣味。然而，设计规范都是抽象的东西，是大家在实际上线的项目中无法直接看到的，所以重在理解和积累。

在这一章中，我们将要学习的设计规范是一个基于用户体验的规范提升。这些规范在每个项目中依然非常常用，但更加抽象，并且不像第 4 章中的设计规范有很多具体的参考数据和表格。我们在学习本章设计规范前，需要先了解下面的两个概念。

· **用户体验设计**（User Experience Design），是以使用者为中心的一种设计手段，设计师以使用者的需求为目标来进行设计。使用者体验的概念从开发的最早期就开始进入整个流程，设计过程注重以使用者为中心，并贯穿始终。

· **可读性**（Readability），不等于易读性，特指某种写作风格的产物。多方面的研究显示，容易阅读的文本可以增进理解程度、强化阅读印象、提高阅读速度，并让人坚持阅读。文本可读性的检测，可以为特定的读者群体提供文本内容在语义和语法方面的适宜程度的对比信息。可读性在计算机程序设计领域可以理解为人类读者对于源代码的功能意图、流程控制和操作运行是否容易把握。

> **提示**
> 以上两个概念引用自维基百科。

本章的设计规范就是针对这两个概念进行的整理衍生，为了增强设计时的心理感知能力，增强主动理解用户的能力，学习了解它们也是非常必要的。

5.2 留白

5.2.1 知识点

在浏览页面信息时，合理的布局是非常重要的。设计师必须提供一个让观众有焦点的页面，无论用户是从网站上购买物品、从事电子商务活动还是阅读博客浏览新闻，设计都必须易于阅读和理解。页面中的许多元素，如按钮、图像、模块、导航菜单、文本段落、颜色等都可能使你的页面变得更加复杂。为了有效地给阅读者增加喘息的空间，我们需要使用空白空间对这些复杂的元素进行布局。

空白（Whitespace），归结于网页设计中的负空间（物体之间的空间），它将网页设计中的图形、文字、行列、图片和其他元素合理地布局到整个页面空间里，使其显得优雅、和谐并不破坏原有的空间结构，属于一种空间关系，如图 5-1 所示。

Whitespace   Whitespace

图 5-1

所谓留白，也就是指预留出空白空间。那么我们在处理页面留白时，可以适当参考下面的几种运用方法。

● **保持导航和内容的清晰流畅**

留白不代表一定要用白色，而是预留出一些范围来组织页面空间中的元素和页面中的细节，如导航、页眉页脚、图像、文字、列表、Logo、图片等。如 Google 的首页就是一个独立 Logo 和搜索框，它的主页充满了空白，从而使用户将焦点集中在这个搜索框上，专注于内容的搜索。

● 增强文字和图片的可读性

设计师即使是创建一些简单简洁的设计，其过程也是非常复杂的。设计师需要研究用户的年龄、性别、喜好、群组、职业等。不同的用户对文字的大小、图片的色彩、布局的方式都会有不同的需求。如一个网站（Medium）专注写作，那在设计中我们必须处理好文字与段落，标题与摘要，侧边栏与正文栏的空间关系，才能够让用户更容易、更快速地进行文字阅读。

● 建立平衡和谐的布局

网格布局是贯穿整个网页设计的，我们需要保持网格设计模块的轻重和平衡，而这些平衡，是建立在有空白空间的基础上的。如弹窗与正文的网格平衡，网格系统的黄金比例的平衡。大家可以再次阅读本书的第3章，仔细揣摩书中讲解过的网格中的空白空间。

● 减少视觉疲劳

设计师应该充分利用色彩、光、影来适配人的视觉系统，减少视觉疲劳，调配感官色。例如，在按钮上增加和减少阴影后，按钮区域和阴影区域加起来所占据的空间有多少，页面有纯色填充的导航和无纯色的导航占据的页面比例是多少，这些对用户的视觉感受都有影响。处理好色彩、光影在空间上的比例，也能够减少人的视觉疲劳，提高页面可读性。

● 给元素提供可持续的空间

留白能够预留储存空间，便于扩展和利用。这种储存空间就可以理解为可持续的空间。举一个简单直白的例子，一个人站在一个2平方米的石板上或站在一个10平方米的石板上，可以利用的空间是不同的，在10平方米的范围内你的周围可以放置音响、工具，可以跳舞；在2平方米的石板上可以拿个麦克风唱歌，可以玩双手倒立。

总之，我们分析留白时，引入一些原理会比较容易理解。例如，美术中的透视、色彩关系、空间关系，网格设计理论，网页设计中的中英文字体规范、分辨率、安全宽度、首屏高度规范，等等。通过这些原理，我们能更好地把握设计布局和设计细节。

5.2.2 运用

这一章的抽象设计规范，我们依然使用Powerbus这个商业案例做讲解。网站首屏将Logo放置于正中央，Logo的大小能够满足手机设备的全宽度预览。（但这并不代表Logo在手机上还是这个宽度，需要使用响应式技术使Logo在手机屏幕上稍微变小一些，来创造一些留白区域。）Logo周围都是空白区域，主要由视频背景来渲染气氛。图5-2所示的半透明淡红色区域，就是Logo的留白区。

图 5-2

　　任何时候，都需要一定的留白来增强信息的可读性。没有空白、拥挤一团，信息是无法产生焦点、无法被有效捕捉的。如图 5-3 所示，模块与文字之间、模块与网页空间之间、标题文字与描述文字之间、图标与文字之间、第 2 屏与第 3 屏之间都做了不同的留白，这些留白空间，使信息能够有序排列，使页面看起来舒适可读。留白可以针对不同的元素，可以针对不同的空间。如何合理使用留白、留白空间有多少、目的是什么，这些都是属于设计中必须考虑的基本规范。图 5-3 中的不同颜色的半透明色块区域，就是不同的留白空间的关系。

图 5-3

5.3 页脚信息

5.3.1 知识点

一般来说，页脚（Footer）是页面底部的一个区域（当然不一定永远固定在底部），其中包含与其他页面相互联系、相互导航的数据信息。页脚中的信息（包括导航、页码、日期、版权或引用）可以链接到整个网站的其他所有页面。如果页脚包含的信息相对简单，只包含了一些必要的网站版权信息，那么我们也常称页脚为版权区域，其位置如图 5-4 所示。

Footer

图 5-4

- **页脚信息模块**

一个规范的页脚通常包含以下内容，根据具体的项目需求，设计师可以适当进行筛选和扩展。由于前端开发会经常用到一些常用的和页脚相关的英文术语，这里同时给出中英文对照供大家参考。

Site Map——网站地图

About、Contact——关于网站、联系方式的链接入口或说明文字

Contact Form——留言表单

Back to Top——返回顶部的按钮或标识

Follow Us——社交网络的按钮或链接

List——列表（最新发布、归档、标签等）

Logo——网站标识

Navigation——导航（可能包含隐私政策、服务条款等）

Subscribe——订阅（可以是独立的输入框或文字说明）

Authorship Information——出处、原创声明信息

Copyright——版权信息（如 2009-2017 Company Name. All Rights Reserved.）

● 页脚设计的用户体验目标

当设计师设计一个页面的页脚时，需要考虑一些与用户体验相关的因素。

· 能够为网站建立必须的导航系统。

· 不同模块之间留白要适当，宜于阅读。

· 表单体验不能过于复杂。

· 首尾呼应，页头设计和页脚设计要和谐，避免头重脚轻或头轻脚重。

· 能够突出和宣传网站品牌特征。

· 信息列表样式美观，宜于分栏分列。

· 尽量保留能与网站做出快速的响应互动的入口（注册、返回顶部、订阅、社交等）。

如何准确布置信息、把握信息的"度"、筛选有用的信息，这是"页脚信息"规范需要传达的一个更深层次的理念。通常，一些没有经验的网页设计师一开始制作的网页在内容上是很乱的，甚至内容可有可无，没有重点，没有主次。这是因为设计师还没有充足的知识储备，不能够很好地将需要的内容整理出来，导致了页面信息的混乱。页脚设计也如此，设计师需要对网站整体深入理解后，才能规划好页脚的信息，使网站页面在没有冗余信息的同时，不缺少必要信息。在这里要告诉大家的是，有效信息的提取（不仅仅是页脚信息，也可能是产品特色，以及其他内容模块的信息概括），并不是一件轻松的事情。

5.3.2 运用

笔者为 Powerbus 网站的页脚设计了两种方案，这里将两种方案都展示出来，做一个对比参考。此网站页脚主要包含了联系方式、电话、电子邮箱、版权信息、Logo 标识、社交网络入口。两种方案分别筛选了不同的模块组合页脚信息。

方案一："联系方式 + 版权信息"，其设计的目的是简化页脚，使联系信息更加直观，如图 5-5 所示。

图 5-5

方案二："联系方式 + 版权信息 + 灰色 Logo 标识 + 社交网络"。这样设计是为了使页脚信息多元化，与头部的 Logo 标识首尾呼应，如图 5-6 所示。如果网站有更多的重要信息要告诉用户，那么换一种布局或一种表现方式也不为过。

图 5-6

5.4 图标

5.4.1 知识点

图标（Icon），也许是设计中非常常见的一种设计元素。在第 4 章我们提到过图标的风格不同会给网页带来差异，也提到网页中的一些常用的图标格式类型。那么在设计图标的时候，我们应该遵守一些什么法则呢？希望通过以下的总结帮助设计师更好地把握页面中的图标设计。

·要选择正确的图标风格主题，来搭配页面风格。
·图标的识别性要尽量清晰。
·非特殊的手绘风格图标，使用 Photoshop 软件设计一律使用形状工具，保证清晰度并方便修改和导出。
·前端开发中尽量使用 SVG 格式矢量图标或图标字体，这样能够更好地支持响应式设计。
·如果不能使用矢量格式图标，应尽量使用透明的 PNG 格式图标。
·学会使用其他软件工具制作有针对性的图标，提高项目整体质量和协作效率。

关于图标设计，有专业而庞大的知识体系，大家可以根据自己的需求，寻找相关的图书学习。

5.4.2 运用

Powerbus 的图标设计风格以线条为主，使用了语义化设计，尽量使图标表现出所有的产品优势。当然由于图标复杂性高，用户不一定能够通过图标就认识产品，因此需要文字的辅助。在前端开发中，使用鼠标指针悬浮效果来加载图标的动画，能够使网站显得更有活力，使图标显得更有创造力和趣味性。（为了节约时间成本、提高动画质量，图标的动画是由其他专业的设计师完成。）在默认的图标设计中，有两种方案，一种浅色的，另一种深色的，这样能够从整体上思考图标的交互方式，也能够从整体上体验到图标的协调感，如图 5-7 所示。

图 5-7

另一方面，图标的行业性比较强，对于并未接触过这类行业的设计师来说，空手起步肯定是不推荐的，还可能造成设计返工。为了更好地设计图标，一定要与客户做非常详细的沟通，不断深入了解其产品，同时也让客户配合你的设计，提供一些方案和草图构思，只有这样，图标才会有更好的表现力。

由于图标需要制作复杂的动画，对于这种相对复杂的图标来说，使用 SVG 动画具有较高的成本和设计难度，此时可以通过其他动画设计师的配合，在前端中直接使用 GIF 作为图标动画的图片格式。

5.5 命名

5.5.1 知识点

良好的设计习惯，一直是本书推荐大家关注的一个话题。本书前几章的设计流程，运用规范、各种理论的方式方法，对项目的调研和思考方式，都是一种设计习惯。那么在这些"习惯"的背后，还有什么样的习惯需要大家学习呢？那就是在使用软件过程中、进行项目设计和开发过程中及团队协作过程中的"命名规范"。

Web 的前后端开发，都需要使用语义化的英文，便于维护和理解。那么我们在设计 UI 界面时，也需要对图层、文件和文件夹命名，这些命名规范该如何养成呢？下面，列出一些常见的条目给大家做参考。

- 图片命名格式参考

  people.jpg——单一词汇

  people-boy.jpg——复合词

  people-school-boy.jpg——复合词 + 属性

  people-job-boy.jpg——复合词 + 属性

  people-job-boy-f.jpg——复合词 + 一级属性 + 二级属性

  people-job-boy-b.jpg——复合词 + 一级属性 + 二级属性

  people@2x.jpg——Retina 图片，两倍大小原图

  people@3x.jpg——3 倍大小原图

  people_boy.jpg——复合词（使用下划线）

  people_school_boy.jpg——复合词 + 属性（使用下划线）

  people_job_boy.jpg——复合词 + 属性（使用下划线）

  people-school_boy.jpg——复合词 + 属性（使用下划线和横杆）

  people-job_boy.jpg——复合词 + 属性（使用下划线和横杆）

> **提示**
>
> PSD 文件和图层可以使用中文，导出后的图片和文件夹一律使用英文保存。

- 常见的文件夹命名参考

  assets——网站资源（images、css、js、fonts 文件夹也可以放在此文件夹中）

  images——图片

  img——图片

  fonts——字体

  icons——图标

  css——CSS 样式

  sass——SASS 样式

js——脚本文件

core——核心文件

functions——功能文件

themes——主题

plug-ins——插件

admin——后台管理

documentation——说明文档

licensing——许可证

demo——演示

其他的常见的中英文命名方式，大家可以留意本书中提及的一些英文单词，这里就不详细列出。大家可以通过搜索引擎搜索常见的命名，深入地学习和记忆。

5.5.2 运用

前端开发过程中，无论是文件还是代码，都需要用英文命名，这样不容易因编码问题产生 bug。笔者的习惯，也是一律使用英文来做设计稿，图 5-8 所示为 Powerbus 网站的 PSD 图层结构和命名参考。

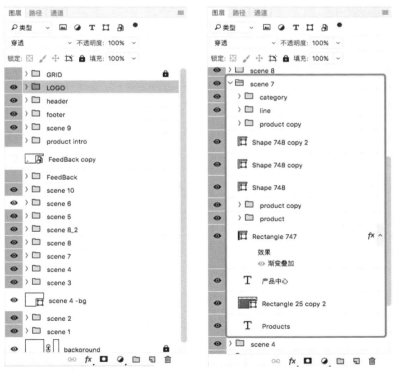

图 5-8

图 5-9 所示是前端开发过程中的文件结构和命名参考。

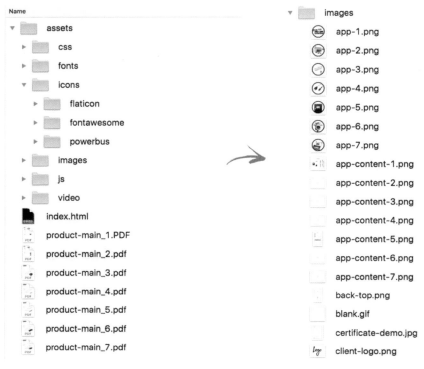

图 5-9

5.6 可读性和对比度

5.6.1 知识点

对比，充斥在每一个页面的每一个部分，只要我们细心观察，都能够发现页面中的对比。文字颜色对比、文字大小对比、字体对比、色彩对比、圆角对比等无处不在。任何设计规范都要尽量满足最基本的信息可读性，在设计过程中，任何元素之间都会有一个对比，而对比度可以提高网站的可读性。无论设计哪种风格的网站，我们都应该遵循以下原则，来充分满足信息阅读的需要。

· **处理好信息的层级关系。**例如，从标题到正文，从侧边栏至内容栏，从主导航到面包屑导航，从字体的间距到行距，等等。

· **处理好各个元素之间的对比度。**例如，黑色字和白色背景，标题和正文文字大小，平角和圆角，中文和英文字体，黑字和黑字夹杂的红字，页头和页尾的高度差异，文字的行高、段落间距的距离差异等，如图 5-10 所示。

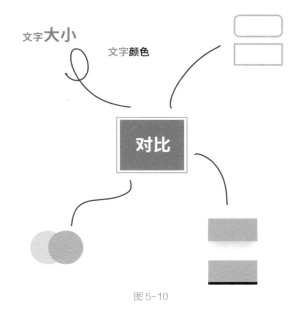

图 5-10

5.6.2 运用

对比是一种非常常见的艺术手法，为了使 Powerbus 网站中各个模块的信息更加突出，为了能够让用户捕捉到需要的信息、快速理解产品、达到营销的目的，增强对比度是一种非常有效的方法。大家不要将对比度理解为平时看电视时拿起遥控器调整的那种对比度，网站的对比度其实不仅仅指色彩，还包括空间、文字、宽度、高度等，范围是比较广的。如图 5-11 所示是网站色彩的对比结构。图片反映了网站中 3~5 种主要色彩的多重对比关系。

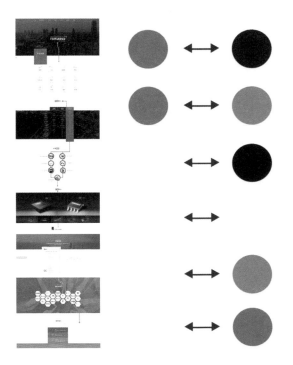

图 5-11

网站中不同的文字在尺寸、粗细、颜色、间距上也存在对比关系。这些关系使用分界线分成了不同的模块，这些模块之间，又存在一个文字与文字间的对比。这些对比既包含了横向对比，也包含了纵向对比，如图 5-12 所示。

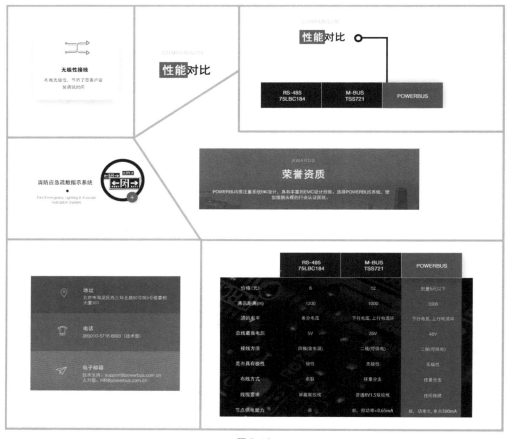

图 5-12

了解细节上的对比后，我们来看一看整体上的对比。分屏与分屏之间，也存在一个明显的对比，能够帮助用户在滚动浏览器的过程中区别对待不同的产品信息。这种对比能够增强用户对产品信息的分类和理解，每一个大模块之间都有明显的区分和衔接，如图 5-13 所示。

说起衔接，往往在设计中是不太容易做的。Powerbus 网站的设计是按照故事线走的，使用了有芯片感的电路图元素来实现时间轴衔接效果。这样能够将整个页面连在一起，看上去就不会因为分屏之间过大的对比而造成视觉上的障碍。

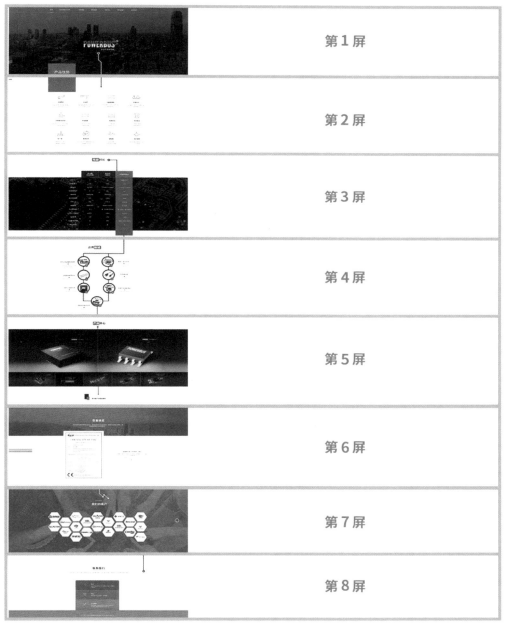

图 5-13

说完了对比度，我们再来说一说信息的层级关系。网站的每一个模块，基本都是从模块标题到信息、由上至下的顺序。每个模块标题，都是从英文到中文的顺序。整个网站遵循一种顺序，能够让用户更简单地浏览复杂的信息。一个网站中不建议使用过多的层级关系，这样容易造成用户在浏览一个页面时需要多种习惯，而且习惯是不容易改变的，如果让用户随时去改变习惯，很容易造成阅读混乱。如图 5-14 所示，箭头标识了信息之间的层级关系。

模块标题(中英文层级)

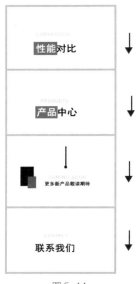

图 5-14

5.7 窗体布局

5.7.1 知识点

网页中经常会用到窗体，又称为模态框。模态框也可以表述为模态（对话）窗口、弹出层、弹窗。它是设计中非常常用的一种有效覆盖原页面信息的设计元素。模态框主要优点是避免使用常规的不友好的浏览器原生弹出窗口，以避免使页面重新加载。简而言之，模态框可以在同一个页面上快速向用户显示信息，提高了网站的可用性，减少不必要的加载和重复操作。

在表现形式上，模态框可以运用灯箱的表现形式，也可以避开灯箱模式直接覆盖页面元素。根据网页的信息展示需求，设计师可以灵活运用这种窗体。图 5-15 和图 5-16 所示就是不同类型的模态对话窗体。

图 5-15

图 5-16

一般来说，模态框通常有以下优势。

· 快速、显眼地提醒用户所出现的问题，显示重要信息。

· 更加安全地引导用户使用功能复杂的页面。

· 利于收集用户数据。

· 避免页面的重复加载，增加页面易用性。

在设计模态框时需要遵循如下原则。

· 窗体信息要简洁、准确，不能将信息无轻重主次地随意运用到窗体中。

· 窗体位置要利于操作，符合用户浏览习惯（如使窗体居中或出现在右下角）。

· 要尽量避免嘈杂的声音和动画，避免无关的广告。

· 关闭按钮要显眼，或者关闭窗口的触发方式要简易。

· 不要每个页面都包含窗体，用量要适度。

· 允许用户完全退出（如增加 Cookie 记忆功能）。

· 窗体表单不要强制性让用户填写信息，不要限制用户的关闭行为，应该合理利用窗体引导用户使用复杂的页面。

· 弹出速度要快，避免用户长时间等待。

· 减少窗体的使用率，适当加强用户操作便捷性体验。

5.7.2 运用

Powerbus 网站在展示应用领域、产品信息、联系表单时，采用了滑动式弹出窗。由于网页信息比较多，页面文档的高度也比较高，为了避免重复刷新造成用户的时间浪费，使用模态窗口就能很好地解决这个问题，同时能够给用户舒适的体验。在设计图中无法体验这种动态效果，大家可以通过搜索引擎进入官网体验。图 5-17 和图 5-18 所示就是应用领域和产品信息展示时的弹出窗。它留下了导航部分，其他空间用于展示复杂的拓扑图和表格信息，这样用户能够在有限的空间内，最大限度地快速查看信息。

为了更好的用户体验，原本设计成全屏的弹窗体修改成了预留导航区域的弹窗体，这样能够让用户不丢失网站导航，能更好地将弹窗融合到页面中。当用户单击红色关闭按钮或半透明黑色遮罩的导航区域时，弹窗将会自动关闭，用户不用刷新网页就能够继续浏览其他内容。

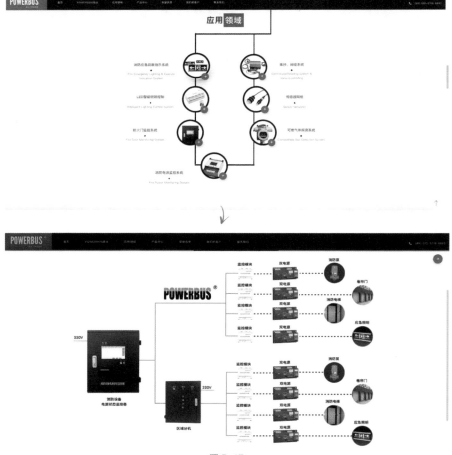

图 5-17

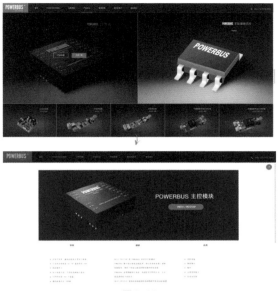

图 5-18

图 5-19 所示是当用户单击联系按钮时弹出的联系表单，用户可以直接输入信息提交到后台，而不需要刷新页面。这个功能是在实际上线的网站中才加上的。往往由于需求变动，网站在实际上线后会通过用户的反馈和建设性建议，做一些微小的改善。但是一般情况下，前端开发都是严格按照设计图进行开发，在没有进行多方协商（设计师、开发者、客户）并得到许可的情况下，前端开发人员不应该擅自修改或偏离效果图进行开发。

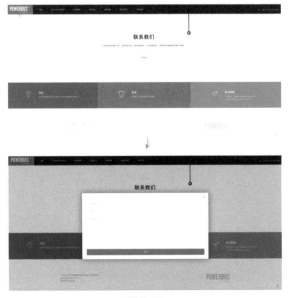

图 5-19

5.8 设计规范自测

本书的核心思想就是要传达基本的 Web 设计规范，让读者能够理解并将这些规范运用到任意项目中，并且不断积累，养成良好的设计习惯。虽然只有本书的第 4、5 章详细讲解了规范条目，但其他内容同样运用了这些基础规范进行细节的设计和研究，并进行了规范的扩展。因此，整本书的核心脱离不了设计规范这两章内容。本书一共整理了 15 个必用的基础设计规范，这些基础规范能够根据不同的运用场景进行扩展和衍生。

类似表单设计、按钮设计、文字排版布局、Web 移动端的相关元素设计、图标设计等规范，都可以根据这些基础规范进行扩展和总结。由于这些扩展规范灵活性比较强，相对于项目来说，针对性会比较弱，并不适合一一详细讲解。掌握书中的基础设计规范，最终也可以达到"以不变应万变"的实际效果。大家在设计的过程中做到心中有规范，能够在规范的约束下，突破规范的束缚，设计出能够传达自己思想的网页。或许有一定经验的设计师在设计界面的过程中无法感觉到运用过设计规范，但是实际上设计师在设计网页时已经自然形成了良好的设计习惯和思维方式，已经将一些基础的设计规范都融入到了设计过程中。系统地学习基础规范，能够快速而且更加有针对性地帮助设计师设计一个符合标准、又不失礼节和创意的界面。

下面，我们需要巩固运用规范的能力，来做一个小测试，大家一定要亲自动手去做，记住。只懂理论没有任何用处，一定要学会运用。

测试时间：

1 个星期内。

测试内容：

第 2 章我们已经完成了"有道云笔记"官网的 Redesign 线框图和基础配色方案，现在利用已经完成的 PSD 文件，根据第 4、5 章学习的设计规范，对设计进行细节优化和调整。并在线框图 PSD 的基础上完成它的最终效果图。

要求：

1. 对原来的线框图做一个全面优化和升级。

2. 建议使用简单的文字整理出自己使用过的规范，点到为止即可。

3. 参考第 1 章的切图技巧，尝试给最终设计稿做一些切图，简单模拟与前端开发的协作过程。

4. 再一次巩固并熟练掌握第 2 章提及的 Web 设计过程和软件技巧。

06

了解常用的
Web用户体验

6.1 用户体验基础知识

6.1.1 概念

或许你已经学会了如何设计一个网站，你已经掌握了非常多的方法和设计规范，你已经积累了无数项目经验，但是这些并不能保证解决"如何设计一个好网站"的问题。好网站，绝对不是单纯的界面美观漂亮。除了技术层面，更重要却常常容易被设计师忽略的，是对用户心理的理解。我们所在的互联网环境非常复杂，有的网站广告连篇，有的网站干净利落，唯有找到网站设计的初衷，找到用户的需求点，才能设计出一个真正的好网站。那么这一章，我们要解决的就是这个问题：以用户为中心的设计与优化方法，User Centered Design（UCD）。

通过前 5 章的学习，我们已经可以掌握 Web 界面设计中的常用思维和技巧方法，面对一个实际项目，相信你已经可以从零开始，配合你的团队，做好与客户的沟通，一步一个脚印去完成它。或许你对前端开发相关领域还不是很熟悉，或许你在运用规范、运用 Photoshop 技巧上还不能够得心应手，不必担心，这是每一个设计师都要经历的过程，只有不断积累和沉淀，你才能够将生米煮成熟饭。所谓熟能生巧，只要不断练习，就可以做好，当然一定要多去思考，如果脱离了正确的方向，也是很难让自己在这个行业长期立足的。

这一章，我们要暂时放下软件和设计规范，从另一个角度去认识网站所包含的更高层的东西。一个网站有两种角色，包括使用者和经营者。这两种角色都有不同的目标或需求。经营者要在使用者身上获得成功，就必须考虑到网站的体验。这种体验，专业术语称为"用户体验"。

用户体验，即 User Experience(UX)，简单地说，它是涉及一个人使用一个特定产品、系统或服务的有关行为、态度与情绪（此概念引用自维基百科）。

这里还需要了解一个概念，用户体验设计，即 User Experience Design（UED），它更侧重于技巧和过程，一些公司也会专门设立 UED 部门。本书的前 5 章，都间接性地融入了用户体验设计的流程来优化设计，所以在本章中就不再重复讲解这种技巧和过程，而更多的是侧重于对用户的理解和研究。学习用户体验有以下益处。

· 利于分析用户需求，了解用户需要什么，了解他们的价值观、能力及他们的局限性，有针对性地制订设计方案。

· 以项目管理和业务目标为主线，进而提高用户与产品、相关服务的互动和认知的质量。

· 提高界面设计的综合评估能力，有效避免由于设计师在设计能力上存在缺陷而引起的误差。

· 容易发现网站的常见问题和体验弊端，并制订解决方案。

用户体验在各个领域中都会有其独特的设计流程，由于其知识面范围比较广，本书仅仅是针对 Web 设计中常用的用户体验来做讲解。用户体验绝对不仅仅局限于本书中提到的这些方面，更多的深入研究，需要由大家自己去寻找资料学习。由于笔者并未在信息构架上进行过深入研究，并不能够准确地提出一些概念性的东西。笔者一直在不断学习和吸收各种知识和技术，为自己的信息构架和知识空间做良好的储备。关于用户体验的概念和核心要素，本书将通过解读 Peter Morville 的一些文章做一个直白的理解和表述。

6.1.2 核心要素

每一件事物都会有其核心，用户体验也一样。用户体验的核心就是要深刻地理解用户需要什么、看重什么，理解用户的价值、用户的能力和局限性，明确业务目标。学习和了解用户体验，就是为了处理好信息构架中的用户（User）、内容（Content）和上下文（Context）之间的平衡关系。如图 6-1 所示，可以清晰地表现其交叉联系。这个图是由信息架构和用户体验领域的先驱 Peter Morville 提出的。

同时，Peter Morville 也提出了用户体验的蜂窝图，此图中的指标可以作为用户体验的考核指标，设计师可以从这些方面入手去更深入地研究 Web 用户体验，如图 6-2 所示。

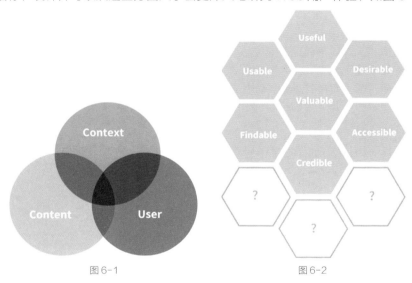

图 6-1　　　　　　　　　　　图 6-2

下面，依次将图 6-2 包含的 7 个用户体验核心要素从 Web 角度出发做一个简单直白的解读（问号部分代表 Peter Morville 想要传达的比较灵活、尚未发现或不便于归纳的其他要素）。

· Useful，有用。设计师需要有能力去创造对特定人群有用的网站，以用户为焦点，去关注他们。

· Usable，易用。网站是否能够快速入门，是否容易使用，这一点虽然不是必须的，但是对于用户来说也是非常重要的。

· Desirable，**期望值**。设计师追求高质量、高效率地设计页面，同时用户也希望得到内心情感和其他操作方面的满足。

· Findable，**可寻**。网站提供必需的导航定位、功能指引，能够让用户快速、高效率地找到所需要的信息。

· Accessible，**无障碍通道**。考虑到道德与法律层面，网站设计应该尽量满足有缺陷人群的信息获取需求，这是一种人性化的体现。

· Credible，**可信**。充分利用各方面的资源，取得用户信任，给用户带来安全感，这对于网站的可持续经营来说是非常有必要的。

· Valuable，**价值体现**。单单只有欣赏价值还不足以使网站长期维持下去，挖掘和创造其商业价值、潜在的艺术价值，才能够获得更多的用户认可，提高用户的满意程度。除了少数网站（如 Wikipedia 属于非盈利性质网站），考虑到网站必须支付的各种复杂成本，其他大部分网站多多少少都有其商业目标。

提示

用户体验核心要素来自对 Peter Morville 发表过的一篇关于用户体验文章的理解。

只有当你理解了用户，能够从用户体验的各种角度想问题，你才能够在 Web 界面设计上获得更多的灵感。带着这些灵感，你可以规划设计成本和开发成本，可以更好地组织网站信息、处理好复杂的信息构架关系。然而，图 6-2 中的指标并不代表所有关于用户体验的核心要素，随着时代的进步，它是非常容易扩展的，如美观性、人机交互的技术、人性化设计、艺术修养等。我们在设计界面时，首先要考虑的就是其外观。在漂亮外观的支撑下，用户体验能够不断地衍生和再造。

如果只是总结知识点，大家肯定会觉得很无聊。下面，我们就来运用用户体验这个抽象的概念，来提高 Web 设计能力及对项目的分析能力。用户体验本身更注重研究，研究并赋予解决方法，是本书要教会大家的一个技能。

6.2 提升网站用户体验的方式

6.2.1 减少不必要的交互动画

在 Powerbus 这个案例中，最开始在首屏增加了向下的箭头指示，并且赋予箭头循环漂浮的动画效果，是为了让用户更加直接地知道要向下滚动来浏览网站，如图 6-3 所示。网站本身在向下滚动的过程中，通过类似电路板的线条的视差动画来引导用户。首屏已经使用了一个向下延伸的线条动画提示用户向下滚动，所以实际上就没必要再使用箭头图标动画来再次声明，过度使用动画并不会带来更好的体验。于是经过改进，最终删除了此箭头图标和动画。

图 6-3

Powerbus 网站的应用领域部分，当鼠标指针悬浮于原型图片上，原本设计是有图片旋转效果，增加趣味性，如图 6-4 所示。但是经过对比使用发现，过多的动画只会给用户带来更多的思考，或者带来延迟体验。这样一定程度上会耽误信息捕获的速度。因此最终去掉了这个悬浮旋转的效果。大家在制作项目过程中，特别是针对性的项目（有唯一的客户和产品），客户会有各种需求和建议，其中就包括了各种动画。当然，客户并不是行业专家，他们更多的是在主观上给予看法，设计师需要有自己的判断力，不要完全被客户主导。先进的 Web 设计少不了先进的交互动画，但一定要避免过度使用动画。

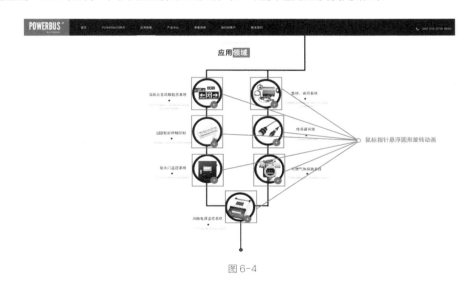

图 6-4

当然，还有一种动画非常常见，运用领域也非常多，就是滚动过程中的侦听交互动画。在用户滚动浏览器的过程中，网站元素相应地做出指定的动画效果。这种滚动动画，也一定要慎重使用，千万别使用过度。

6.2.2 增加对比度，提高可读性

对比度是一个非常常用的优化方式，网页中的文字、颜色、背景、形状各模块，都可以采取提高对比度的方法来增加可读性。合适的对比度能够使人的眼睛舒适，便于用户更快速和准确地阅读、捕获信息。导航区域的两个特殊链接，为了突出其重要性和优先权而使用了不同的颜色。但是原版本在黑色和白色背景下，浏览起来还是会比较吃力。这是由于导航链接的对比度太低了，在不同的底色下融合性偏高。为了降低它们的融合性，对这两个特殊的链接使用了圆角背景，从而在不同的底色下链接非常清晰，容易找到，如图 6-5所示。这是一个文字和背景之间的对比度调整。往往这种不显眼的细节，是很容易被设计师忽视的。

图 6-5

首屏文字在粗细、尺寸上都做了明显的对比区分，为了在偏暗的背景下显得更加清晰，字体颜色上使用了纯白色，如图 6-6 所示。文字对比度在网页设计中也是经常会被设计师忽略的细节。在设计稿中，你可以随意一些，但是在前端开发过程中，图片是可置换的，文字大小是可以改变的，要适应不同的图片、不同的设备屏幕，前端工程师需要专门针对文字，不断地做调试和对比调整。

图 6-6

6.2.3 运用留白

在设计规范中，已经强调了留白的重要性。合适的留白，能够增加页面中某些信息的焦点，提高用户注意力。笔者遇到过不少客户说页面的留白空间太多，觉得别扭。然而，留白空间对于良好的设计至关重要，它能使网站内容更加清晰。太过拥挤，只会造成信息混乱，没有焦点。图 6-7 所示的设计，运用了大量留白，使页面产品的主题标语和宣传口号变得更加醒目。

图 6-7

图 6-8 所示的页面展示了公司的发展历程，使用了卡通风格的时间轴效果，当时间轴滚动时，图中的大象会以走路的方式同步信息的左右滑动。信息集中在页面的正中央，而且宽度大小设置了一个限制，这样能够给天空、其他区域留下更多的想象空间，用户就能专注到精简的文字介绍上。

图 6-8

6.2.4 减少页面加载时间

本书的设计规范中提到了压缩 PNG 图标和推荐使用 SVG 图片，这些都是提高页面加载速度、减少加载时间的一些必要手段。网页加载慢，估计是非常令人沮丧的一件事情。图 6-9 所示是一个手绘的 PNG 图标，它使用 Photoshop 的 Web 格式导出，默认大小为 57KB。在 Mac 系统中使用 ImageAlpha 将其压缩，压缩后的大小为 25KB，至少减小了 50%。一般情况下，通过专门的压缩工具，可以将 PNG 图片压缩 50%~75%，甚至更多，并且保证图片的质量和原图质量没有明显差异。

图 6-9

一个页面如果延迟 2~3s，用户放弃浏览这个页面的概率可以高达 80% 以上。当然，由于服务器和国家（地区）政策不同，在不同的国家（地区）访问某些网站会有明显的速度差异，这种差异并不能够判断一个网站的加载优化程度。相对于前端开发，使用压缩过的 JavaScript 文件、HTML 文件和 CSS 文件，也能够在一定程度上提高页面的加载速度。一个页面的加载速度往往和下面的诸多方面有关，需要综合考虑，才能够较好地对网页加载速度进行优化。

· 图片大小。

· 服务器响应时间（能够拖慢服务器响应时间的因素有很多，需要专门去学习此类知识）。

· JavaScript 文件、HTML 文件和 CSS 文件等静态资源的压缩比例。

· 网页字体文件的第三方英文字体一般使用 CDN 加载，为了避免 CDN 不稳定的情况，可以使用技术手段保证本地文件的加载。

· 浏览器缓存设置。

· 登录页重定向影响。

· 是否按优先级排列可见内容，是否按照一定的顺序加载页面资源。

6.2.5 有吸引力的视觉引导

用户引导，是每一个网站都会面临的难题。无论你是做商业营销还是卖产品，做博客还是做分享，网站能否快速引导用户立即投入使用都是一个非常难的命题。你要考虑许多因素，如用户心理、特征，网站的设计、功能、表现力，等等。你需要将它们结合起来，制订一种可行性引导方案。

下面的个人网站，全站以手绘风格为主，由于网站风格比较特殊，不便于采用直白的文本导航，因此为了有效融入整体风格，将导航设计为图标形态，并且搭配悬浮的文本提示，帮助用户理解导航。由于网站面向的是国外设计开发类的互联网人群，有自己的特色风格表现，普通用户可能无法理解或使用这个网站。由此可见，一个网站中小小的一个导航的动作、一个风格、一个颜色，都会变成引导用户的方式，如图 6-10 所示。

图 6-10

图 6-11 所示的案例中，首屏之后使用了圆形边框和语义化的图标结合，描述网站要传达的特色信息，条目清晰、直观易懂，这也是一种引导用户的方式。例如，用户注册填写表单信息时，更加需要一个舒适的引导。表单往往是一种很复杂的网页元素，它包含了太多的细节（按钮颜色、提示语、错误反馈、信息交互体验、表单风格等），如果能更加注重搜集用户基本信息，就能够有效地引导用户、增加网站的可信度，让用户进一步获得良好的体验。

图 6-11

再如，一些技术先进的涉及设备侦听环节的网站，需要考虑如何引导用户使用耳机、视频、手势动作去操控网站，考虑用什么样的图标和文字说明取得用户信任、让用户允许设备权限。引导用户一直都是一项复杂的工程，但只要不断研究思考，总能给你的网站找到最合适的方式来留住用户。

6.2.6 超链接的差异化

对于 Web 而言，超链接是最为常用的一种通行的形式，即在互联网上使用的 URL。浏览器通常会用一些特殊的方式来显示超链接，如不同的文本色彩、大小或样式。而且，鼠标指针移动到超链接上时，经过前端开发的编码，也会产生不同的效果变化。超链接在大部分的浏览器里显示为有下划线的蓝色字体，如果这个链接已经被缓存，则转为紫色。一般超链接的外观都会经过设计，以融合网站的风格。

超链接在页面中无处不在，做好不同模块的超链接差异化，能够提高网站的用户体验，将用户快速准确地导向网站其他页面或完成一系列人机交互过程，如模态窗体的触发、动画的触发、页面滚动侦听等。图 6-12 所示的博客页面中，导航、文章列表、侧边栏、底部导航区域的超链接都有一定的差异和对比，用户能够很简单地区分和使用它们。

图6-12

图 6-13 所示为建站 CMS 系统 "Designers Site Pro gram" 的后台界面，由于后台模块会相对比较复杂，超链接种类比较繁多，所以该界面对横向和纵向导航区的超链接使用了不同的风格加以区分。这种差异化能够缩减用户在使用后台时对后台页面结构的理解时间，降低用户的学习门槛。

图 6-13

6.2.7 合理使用图像

图像几乎遍布于任何一个网站，当用户第一次访问网站时，很容易会注意到在哪些地方看到过某个图像。如果你的网站仿造性很强，则很容易失去用户的信任。选用合适的图像，或者设计合适的图像，能够增加页面转化率。通过图像能够准确而快速地传达一些重要信息，这也反映出了图像的运用对于网站用户体验的重要性。

作为设计师，一般来说要优先使用客户提供的图像照片。客户提供的高清的、经过授权的照片，可以经过处理后融入到网站中。确保用户在第一次看到网站时，可以快速认识到此网站是做什么的。图像的准确运用能提高用户转化率，可以达到网站营销的目的，如图 6-14 所示。

图 6-14

有时不需要复杂的文字介绍，通过显眼易懂的图像，就能提高网站的用户体验，如图 6-15 所示，网站的风格让人一目了然。

摄影图 800 像素 × 800 像素

图 6-15

我们经常需要对现有的素材进行专门的加工处理，以达到网站设计的要求。上面两个网页的素材和实际页面中的稍微有些不同,这是因为它们经过了一些优化调整、合成和剪裁。你的 Photoshop 操作技能扎实，绝对可以让你受益匪浅。

6.2.8 保持风格元素的一致性

大多数人都用过淘宝、天猫、网银、中国移动等线上网站平台，大部分网站在页面与页面之间都保持着导航、字体、标题、色彩、按钮、插图样式等设计元素的一致性，让用户在浏览网站时知道他们仍然是在访问同一个网站。如果页面之间发生了巨大的改变，那么可能会给用户带来疑惑，并使他们失去对网站的信任。

保持网站风格元素的一致性，还可以通过页面布局、模块位置、字体等有规律的视觉系统来使页面保持一个常见的模式。如图 6-16 所示，虽然这几个界面从交互、主内容区颜色等方面看上去会有所不同，但是其整体的主要色调、布局、文字大小等方面都是遵循一致性原则的，并不会因为差异过大的设计而造成整体视觉上不一致。

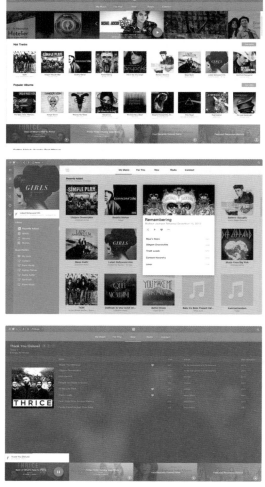

图 6-16

再仔细分析一致性给用户带来的良好体验，还会想到移动设备。那么 PC 端的网页和移动端的网页，在元素细节上可能会有比较大的差异，但是移动端的整体感觉，包括图形比例、文本颜色、高亮色、圆角程度等，都会继承 PC 端的一些特点。当用户使用不同设备访问网站时，也能够做到风格统一，保持用户的信任度。图 6-17 为印象笔记 Redesign 的两个版本的效果图。

图 6-17

6.2.9 优化404页面

一个网站难免会出现图片或链接丢失的情况，用户并不希望看到一个非常严重的警告或发生意外错误时空白一片的页面。上一个例子提到的一致性原则其实也可以运用到404页面中。为了不打乱用户的浏览体验，避免用户感到沮丧，设计师需要重视404页面，并将这个页面的风格与其他页面相统一。当用户走失时，为他们指明方向是非常必要的。

在设计404页面时，可以在此页面上增加一些网页元素，如搜索框、推荐阅读、有趣的在线游戏等用来消除用户的低落情绪，用一些有创意的插图设计来减少用户的厌恶感。总之，不要忽略网站中可能出现的错误，这些错误也许就是你丢失用户的一大罪魁祸首。图6-18和图6-19所示的两个界面是不同的404页面设计，大家可以在心中对用户体验做对比。

图6-18

图6-19

6.2.10 满足响应式需求

互联网发展得非常快，Web 技术也在不断革新。作为设计师，我们应该不断学习先进的技术和设计理念。随着日常生活中越来越多的移动设备成为必需品，网站的响应式对于满足用户的需求来说就更加重要了。响应式，可能是提高网站可用性的一种非常有价值的方式，而且它不需要重复开发，不需要额外的运营成本，可以说有非常大的优势。

当然，响应式更多是建立在前端开发的技术上的，对于设计师而言，要尽量按照前端开发的需求和规范去约束自己的界面设计，根据项目需要，设计不同尺寸的版本，如图6-20所示。团队协作往往也是一名踏入职场的设计师应该学会的重要能力。

图 6-20

6.2.11 导航清晰，广告适度

导航菜单作为引导访问者使用和浏览网站的重要入口，设计师需要保证它具备清晰、简洁的特点。同时，为了使导航易于理解，与页面其他成分有一个对比，设计师可以尝试侧边、固定、悬浮、隐藏等形式的导航。如图 6-21 所示，网站使用了固定的侧边深色导航，用户访问任何页面，导航都始终保持在固定的位置。内容区的侧边栏也类似于博客的父级导航，但是它和左边的深色导航是有非常明显的差异的。这样用户就不容易被多个导航区误导。

同时，很多网站都会存在盈利性目标，无论用什么方式去实现盈利，设计师在表现其盈利性的方面也应该适度。最常见的莫过于内置广告。图 6-21 中网站的顶部区域就有一块横幅广告，作为实现网站盈利的一个小入口。如何正确分配广告的位置，该使用多大的尺寸，数量应该控制在多少，这些都是提高网站用户体验需要考虑的问题。

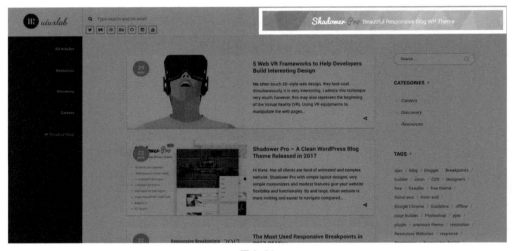

图 6-21

广告如果使用一些特殊的表现方式，也会让用户觉得有趣，可以增加广告的点击率。图 6-22 所示的网页采用了热气球漂浮的纵向横幅广告，有效地融合了此网站的设计风格，并不显得突兀，又提高了广告的趣味性。如果单纯将一个横幅放到此页面中，那么必然会因为广告的色调风格，与页面卡通的 2.5D 风格造成强烈的视觉对比，而这种对比并不值得提倡。过于强烈的风格对比，会对用户的浏览体验产生负面影响。

图 6-22

6.2.12 使网站信息层次分明

网站本身就是给访问者提供可视化的内容，相信大家已经在学习可读性、可用性、用户引导等过程中感受到了内容的重要性。用稍微专业一点儿的话来说，就是设计师要仔细揣摩网站的信息结构和内容层次。应该隐藏、简练的信息，一定不要画蛇添足；应该分类、区隔的信息，一定不要装在同一个篮子里。

许多时候，当用户访问某个网站时，他们正在寻找一个特定的目标内容。设计师需要将这些内容经过严加筛选后再进行有主次、有焦点的布置，不要让用户过于依赖搜索功能，这样才能使用户内容体验得到提升。每一个用户都会找到自己需要的网站，同时放弃一些不需要、不重要的网站。例如，对于个人网站来说，"作者头像和姓名→导航→履历表→作品→联系方式→版权声明"这一系列信息的层次就应该非常清晰，能够让用户快速了解这个网站的功能与目标，如图 6-23 所示。总之，以最短的时间吸引用户注意，那么这个网站就成功了一大步。当然，这是不容易的，往往需要长时间的积累和研究。

图 6-23

　　同理，分析第 2 章制作的印象笔记官网 Redesign，"导航→品牌标语→客户感言→功能介绍→价格表→软件下载→网站地图和版权声明"，这样的信息层次可以将这款产品清晰地反映给用户，吸引并引导用户去试用体验。不同的网站、不同的功能、不同的需求，往往信息的层次会不一样。有主有次，才会有焦点，如图 6-24 所示。

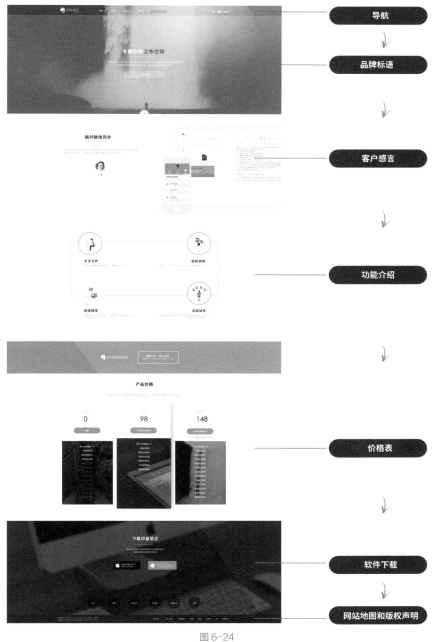

图 6-24

6.2.13 总结

提升用户体验的途径不仅仅是这一章中提到的这些，还可以针对更多的细节进行分析研究，如弹窗的运用、段落和标题的设计、关闭按钮的设计、表单的体验、图像的后期效果处理、元素的动画等。然而本书将这些细节大多都分配在了对比度、留白、图像、视觉引导等层面，所以并没有必要列出太多细致的提升用户体验的方式和方法。解决某一问题的方式和方法，可以说"仁者见仁，智者见智"，是没有上限的。

大家只要学会如何研究用户，如何寻找用户体验的切入点，就可以自己深入分析和研究项目，做出良好的解决问题的方案。多思考、多总结，你可以概括出更多提升用户体验的方式方法。好了，这一章的内容结构很简单、清晰，下一章将从零开始，按照正常的项目制作流程，规划和设计一个漂亮的个人网站。制作这个网站界面不但需要学会运用各种设计规范，也要学会运用一些针对性的技巧提升用户体验。这将是对前 6 章的一个整体疏理和巩固。

6.3 用户体验研究自测

本章内容并不多，也不复杂。用户体验在任何行业、任何领域都是存在的，本书只针对 Web 领域，尽可能让大家养成以用户为中心来设计界面的习惯。正确运用用户体验的相关知识，能够大大提高设计的可用性，这是每一位设计师的必修课。下面，我们做一个简单的测试，来巩固这一章的内容。

测试时间：

24 小时内。

测试内容：

参考本章所提供的 Web 用户体验相关内容，自选 5 个网站，风格类型大小不限，如知乎、淘宝、阿里云、支付宝、QQ 产品官网等，为每个网站归纳整理出至少 3 条与用户体验相关的知识点，思考为什么这些网站需要这种体验，其目的是什么。学会思考并记录下来，整理成规范的文档，养成一种总结归纳的习惯。

要求：

1. 针对已经上线的网站，能够分析其明显的优点和缺点。

2. 学会站在用户的角度思考问题，以用户为中心做设计。

3. 培养用户体验思维，培养对网站深入研究的思维方式。

CHAPTER

07

以不变应万变

——个人主页界面设计实战

7.1 前奏

经过了烦琐的理论与实践配合的学习，相信你还会存在一些疑虑。没关系，任何知识点想要运用到实际项目中，想要熟能生巧，都是需要不断练习的。练习过程中，每个人都要学会思考和研究属于自己的思考方式。这一章，我们将对前面所有的知识（线框图、软件运用技巧、网格运用、设计规范、用户体验等）做一个系统的疏理，我们将所有的知识"简单自然"地运用到实践中，从零开始设计一个漂亮的规范的网页界面。

从这一章的标题可以看出，本章将以个人网站为实战目标。为什么笔者不使用商业案例或其他类型的案例做全面的过程讲解呢？有以下几点原因。

· 作为网页设计师或爱好者，建议大家在学习生涯中，至少有一个完整上线的个人网站。它就像你的小孩，你得照顾、培养、引导它，让它跟随你成长。

· 个人网站能够提供无限的扩展空间，帮助你更好地将知识运用于项目，不断地 debug（排除故障）。

· 个人网站能够大幅度甚至从根本上提高你对网页设计的兴趣，为长期的坚持和研究学习做出重要保障。

· 首先你得学会分析自己，学会制作个人网站，你才能够分析别人和客户，制作有商业价值的网站。如果对自己都不够了解，你怎么能够驾驭复杂的客户需求？当然难免也会有很多人从来不关心自己，只关心如何为客户做好各种网站。既然你愿意阅读这本书，那么笔者并不建议你放弃自己，放弃自己的梦想和坚持。

· 熟练巩固项目的思考分析过程和制作过程、协作过程，无论未来你是否会从事相关工作，它都能让你受益匪浅。当然这并不是绝对的，一些特殊的项目，也是可以有不同的流程去应对的。

· 完整地设计一个个人网站，能够从自身的角度，增加你对网页设计的热爱，并让你养成处理、推敲细节的习惯。

· 理解和掌握线框图、设计规范、用户体验等基本的常用知识点，更重要的是要学会研究和思考，学会探索 Web 设计的新趋势。

精心制作一个独立的个人网站，是作为设计师或爱好者对人生应持有的一种态度。虽然你不一定要有个人网站，你甚至可以不用购买域名和服务器，不用花一分钱，只需注册一个相关社区平台账号就可以写博客、展示自己的作品，但是笔者认为，一个连独立的个人网站都不愿意花心思、资本去学习和制作的网页设计师，对未来的工作和职业是否能有规划和升华、对自己的梦想是否能长期坚守、是否能真正跳出这个圈子和牢笼做自己喜爱的事情，确实令人心存疑虑和担忧。

或许你不懂前端，你完全不懂任何代码，甚至你不愿意学习任何开源建站系统，这并不影响一个网站的上线。你甚至可以直接将设计图上传到服务器，绑定域名后展示；也可以通过第三方平台提供的智能建站、傻瓜式建站服务，勉强让自己不是很喜欢的风格的网站作为自己的个人网站上线。但我还是建议你学习一些简单的 Web 前端知识，用最基本的代码，去完成一个自己的个人网站，按照自己的设计稿去切图、制作。这样也有利于你在真正的工作中考虑到前端开发的必要性，做出可用性和扩展性强的网站。做任何事，都不要完全站在自己的角度，如果一个设计师只是站在自己的角度，将网站 UI 设计得漂亮无比，甚至很有创意，而前端开发却无法实现，那对于 Web 而言，这个设计图根本没有实际利用价值。当然，并不是说一定要懂代码，因为网站可以靠团队分工，可以通过开源软件和框架等各种手段完成。但是，懂总比不懂强，前端开发知识对一个 Web 设计师而言真的是一种良性催化剂。

下面，我们来看一看这一章我们要制作的个人网站到底是长什么样的。笔者假设自己是位插画、涂鸦设计师，拥有一些 UI 设计能力，为另一个人设计一个新的个人网站（为了与网站设计目标达成一致性，案例中笔者使用了自己的一些插画、涂鸦和手绘 UI 的相关作品），如图 7-1 所示。先不要看步骤和分析，整体进行观察、体验，看自己能否分析出这个界面运用的设计规范、用户体验知识。

图 7-1

提示

如果你无法看清图片的细节，可以使用本书附赠的下载资源，下载资源中提供了本章案例的高清图和 PSD 源文件，能够帮助你理解和研究此案例。

7.2 项目分析

7.2.1 制作流程

其实，一个完整网站的上线，是需要经过一个非常繁杂的过程的。只不过当你熟能生巧以后，这个复杂的过程，也许就只是一条没有阻碍的直线，清晰可见。自然，你并不需要规规矩矩按照某一个流程来一步一步设计网站，根据不同的项目需求，可以灵活使用不同的流程和技巧来完成项目。网络上有很多介绍网站制作过程的教程，各有风格，不一定完全一致。笔者基于自己的常用流程，简单对一个网站上线的过程做一个描述，方便大家对本章中的整个项目流程进行理解，如图 7-2 所示。

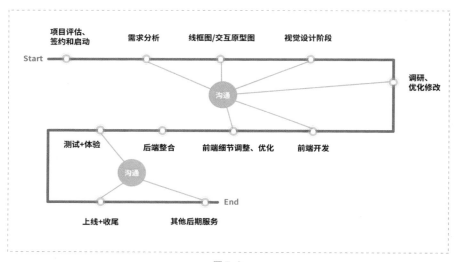

图 7-2

观察上面这个过程链，是不是发现了什么？如大家所看到的，沟通尤为重要。一个项目的正常协作过程中，或许沟通和调研占了非常多的成分。界面设计绝对避免不了修改和优化，只有做好沟通工作，才能够减少双方的时间成本和财产损失。这一点不只是针对商业网站，在制作独立的 Web 产品、做自己的其他相关网站时，也是需要按照这个流程的。只不过，这时你的客户变成了某一个群体，或者变成了自己，而不是单独的某个客户或公司。当然，在提供 Web 产品前期和后期服务的同时，客户依然会精确到独立的个人和公司。

本书只针对网站的 UI 做一个详细过程讲解，而前后端、测试、上线和后期的详细内容，并不在本书的知识体系内。这一章的个人网站案例会同时讲解移动端的 Web 设计过程，帮助大家更好地理解响应式设计。下面，我们要对此项目进行一个全面的分析。前期的项目调研和分析是非常重要的，通过分析，能够大大降低返工率和其他成本，减少失误，还能够促进各方之间的沟通。

7.2.2 分析过程

下面的分析过程是笔者在做一个网站时经常会去思考的，看上去好像涉及了很多方面，其实这些问题都比较随意化，真正针对一个项目进行思考时，并不繁杂。有时候，这些问题也是团队之间进行头脑风暴的切入点。对一个网站的前期分析，不仅仅只是笔者列出的这些方面，还可能包括市场调研、不同用户群的调研、市场分析、趋势洞察、业务渠道分析等，由于项目需求的多样性，分析要点需要有针对性，有些方法并不能通用。大家只要学会这些思维方式和分析流程就可以了。过于生硬的一些商业分析方法，笔者自己也很少去使用，所以也不便于在本书中提及。

其实，通过这些直白的切图点对网站加以分析后，使用 SWOT（优势、劣势、机会和威胁）分析方法，问题就迎刃而解了。之所以不直接使用非常专业的 SWOT 分析方法，是因为这种方法从 4 个点出发，每一个点都需要拆分为无数的小点才能够得出结论，显得过于专业，会使分析过程变得复杂化。笔者并不喜欢用过于拘束的理论分析方法，只要按照一些常见的方法去分析网站，基本就能解答前期设计的疑问。当然，如果是在写文档、做商业计划书这种对文档要求相对较高的工作时，运用适当的专业术语和理论分析方法，还是能够增加一些信力的。一般来说分析方法不仅限于 SWOT，还有很多其他分析方法，由于理论性比较强，并不适合在实际项目中运用，根据每个人不同的接受能力，大家可以寻找适合自己的分析方法。

● 网站目标用户

这个任务是设计个人网站，那么这个网站面向的用户是哪一类人群？是同行业的设计师？网页开发群体？互联网创业者？业余无年龄界限的设计爱好者？普通人？具有潜在客户价值的企业？男性？女性？本案例假设自己的核心工作是插画、涂鸦设计，经过思考，这个个人网站的目标用户可能有：从事互联网行业的设计或开发者、具有潜在客户价值的企业。

这个网站的主要用户并没有男女性别之分，也不限制在设计师、开发者或插画师之间，设计这个网站，更多的是作为自己的一个展示渠道，作为一个发现潜在客户的商业合作渠道。对目标群体的把握，也是影响设计风格、色彩、文字属性等方面的重要因素。

● 要传达的核心信息

核心信息，就是这个网站想要让访问者捕捉到的重要信息。作为个人网站，最重要的无非就是展示自己的项目或生活，让访问者知道如何联系到你。一般来说，个人网站应该包含个人博客，记录自己的学习和生活。不过由于项目意图比较明显，博客在这里就不作为网站的一个组成部分。

- **要传达的次要信息**

　　确定了核心信息，一些次要信息也需要传达，如关于作者的简单介绍、简历时间轴等。如果网站的目的不仅仅是寻找潜在的客户，而更注重寻找一个合适的被聘渠道，那么简历和个人信息就非常重要。本案例的个人介绍就相对比较简单，也没有突出详细的简历信息，大家在做自己的个人网站时，可以根据需要调整。

- **网站运营的目标**

　　不同的网站有不同的目标，可以当作技术的学习和练习、当作销售工具、当作广告收入的渠道等。一个网站并不是上线了就已经结束了，恰恰相反，上线才是它真正的开始。整个设计开发过程都只是为了上线运营做必要的前期准备。网站上线后，需要花时间和精力去维护、管理，那么这么做的目的是什么呢？可以从下面几个方面来说明此个人网站的运营目标。

- 展现设计领域的专业性。重视个人网站，也可以视为一种敬业和职业精神。
- 通过个人网站吸引潜在客户，获得更多的合作机会。
- 通过谷歌等搜索引擎增加曝光率。
- 给其他的平台增加一个展示自己的入口（外链）。
- 通过总结和分享，有效扩展自己的人脉和传播自己的知识与见解。
- 建立自己的品牌，扩大影响力和知名度。
- 作为自己的一个学习成长的长期经营媒介。
- 给自己创造一种成就感和归属感，避免在长期职业生涯中产生困倦和乏味。

- **与竞品的对比分析**

　　有市场必有竞争，个人网站也如此，会有千千万万的人拥有优秀的个人网站，也许很多人有和你一致的运营目标。那么面对这些竞争者，你如何脱颖而出？虽然设计一个个人网站并不是为了参与竞争，更多的是为了展示自己，但竞争是不可避免的。虽然你的竞争者不一定和你争夺，但在互联网这个圈子，任何产品都存在潜在的互相争夺（市场、客户等）行为。

　　同时，个人网站的竞争者不仅仅是个人网站，也可以是企业网站或其他产品。面对这些繁杂的因素，一般可以通过以下几个方面来提升网站的竞争力。

- 内容、文章质量要高，这一点是非常重要的。
- 增强创意性。
- 具有一定原创性。
- 注重细节上的设计，注重代码质量和国际标准。
- 具备一定的个人风格和技术表现力。
- 永远将自己的网站作为主体，适当利用其他网站和平台作为辅助，扩大社交圈，扩大推广渠道。
- 敢于研究趋势和运用趋势。
- 满足细微的响应式设计需求。
- 跨设备、跨浏览器兼容性要尽量做好。

- 用户访问网站的缘由

当面对客户或潜在的用户时，你能给出什么理由让他们访问你的网站？作为个人网站，仅仅需要体现出个人的价值和真实性即可，提供给别人一个了解自己、欣赏自己的渠道。

- 用户操作网站的方式

网站用户体验一直是很重要的，你需要考虑别人如何使用你的网站，如何进行信息筛选和捕捉。遵循传统的网站浏览和操作习惯是一个前提，如大部分国家（地区）的人都是遵循从上至下、从左至右的阅读顺序，少量的国家（地区）是从右至左的阅读顺序。网站是否需要麦克风或摄像头的权限，是否需要带上 3D 眼镜去浏览，这些都属于用户的操作行为。此网站就按照正常的鼠标滚轮和正常的阅读顺序即可。

- 网站的功能和内容结构

在绘制草图或线框图前，我们要考虑网站应该具备哪些功能，大概会使用一个什么样的结构。作为个人网站来说，一般需要包含"具有视觉冲击力的首屏、作者的简介或重要信息、作品展示区域、联系方式或在线留言的入口、版权区域和社交媒体"五大模块。

- 可能用到的技术和可行性

综合考虑设计师和前端开发的能力，去判断此网站运用什么技术或框架。不能脱离整个网站制作的流程而独立去设计。案例利用 jQuery，给予网站的导航按钮和作品展示区域一定的无刷新动画加载效果，提高用户体验，不打算使用前端框架。网站利用的是非常简单和基础的技术。虽然开发者可以从零开始构建 CSS，但是由于项目质量和时间的把控，建议使用一些国际流行和认可的框架提高开发效率，如 Bootstrap。纯手写包含响应式功能和网格系统的 CSS，是需要花费大量的时间去调试的。作为前端开发者，应该具备从零开始构建网站框架的基本功，但也要学会利用开源的资源来提高开发质量和效率。

技术是否可行，也会直接影响到最终效果。一个设计师，如果设计时考虑的是如何打造 360° 虚拟体验和酷炫的图形特效，那么作为前端开发者就必须具备研发和实现这些技术的能力。记住，UI 设计师做的界面体验，仅仅只是图形表现；而网站要做的界面体验，涉及了多个层面的语言编码能力。网站不能够被高度还原、不能达到设计师设想的效果，相信这是谁都不愿意接受的结果。

- 设计风格

风格这个概念就比较模糊了，不同的角度可以有不同的风格，我们只需要脑海里有一个大致的方向即可。例如，从外观上去设定一些网站的风格，可能是简洁、大面积留白、写实场景、3D 虚拟现实、2.5D 视角、扁平、色彩组合、游戏风格、Material Design 等。本章案例中的这个网站，运用简单的色彩质感和扁平化设计即可。

- 主色调

　　前面的内容我们学习过设计规范，那么当我们了解了色彩的一些内涵时，就可以确定一个网站的主要色彩。个人网站本身很自由，使用任何色调都可以。但是为了完成设计图，这里还是必须选择一个主色调去完成构思。

　　由于网站中选用的元素——帆布鞋鞋带是红色的，点缀性比较强，所以笔者对于网站也想使用一个比较活跃、冲击力强的色彩，可以考虑使用红色。使用红色必须把握一个"度"，否则很容易造成视觉疲劳。

- 宣传渠道

　　只是维护和管理网站还远远不够，我们还需要学会如何宣传自己。虽然在设计个人网站时并不会将宣传放在第一位，但是你想要提高自己、被市场验证，就必须想办法传播自己的网站。笔者将自己定义为插画涂鸦师，那么就可以利用一些比较出名、活跃的社区和平台去展示自己，如 Dribbble、Behance、Pixiv、DeviantArt、Pinterest、ArtStation、Medium 等。如果你更多的是面向中国用户，那么可以使用站酷、UI 中国、插画中国、68Design、知乎等较活跃的社区。通过一些互动和信息流，你就可以将用户引流到你的网站上。当然以上列举的那些网站不全都是设计领域的，还有很多有价值的社区平台能够帮助你宣传自己的个人网站，需要不断去发现、挖掘它们的价值。

- 运营成本

　　不同的网站，在域名和服务器、广告推广及其他运营方面都同样需要支出非常多的资金和时间成本。每年少则几百元，多则几万甚至上百万元。网站的成本或许是很多新人担心的问题，但其实你并不需要过于担心。一个网站根据其构架和运营方式，可以选择不同的成本。互联网发展迅速，作为站长，根据自身的经济承受力，很容易找到适合自己的域名和服务器提供商。

7.3　草图绘制

　　前面已经对整个项目做了比较详细的分析，这些分析不一定能够指引你设计界面，也不一定能够使你的界面构思浮现出来，但是它们一定能够约束你的设计，保证设计的重心。无论做什么设计，都不可能是完完全全放开任由设计师发挥的，这种设计一般不存在。哪怕是平时的练习，你也需要一个命题和目的。

　　制作线框图前，我们还需要对网站的整体结构做一个草图构思。不同的设计师会使用不同的绘制工具来制作草图。推荐大家使用纸和笔，快速、易修改，随意性比较强。根据分析和思考，将网站的信息层次划分为"作者头像和姓名→导航→履历表→作品→联系方式→版权声明"，以这个思路，为了做出一些微小的布局新意，我们可以大胆地布局网站的元素。纸上的绘制基本上会和最终的设计持平，当然由于纸张的空间有限，不可能将每一个细节都详细画出来。

本书前面的内容已经学过，如果需要画一个非常完整的草图细节，可以采用Photoshop 来画交互原型图，也可以先用纸和笔随意构思勾画，然后参考纸上的草图，最终以软件制作的交互原型图为准。对于比较大型的网站或内容较多、较为复杂的设计，使用这种软件制作草图还是比较合适的，利于沟通。本章要制作的个人网站内容结构并不是那么复杂，所以这里直接使用纸和笔来完成草图构思。

完成了草图构思，经过与客户（这里的客户就是自己）的沟通后，就可以按这个草图正式开始制作线框图了。网站的线框图不一定会非常详细，但是它一定是可以直接用于视觉设计阶段的 PSD 稿。在具体的视觉设计阶段或线框图的优化阶段，我们都可以对网站的每一个部分加以处理和细化，增加细节。总而言之，线框图完成度高，完成视觉稿就省时省力；线框图完成度低，完成视觉稿就相应需要花更多的时间和精力。草图手稿如图 7-3所示。

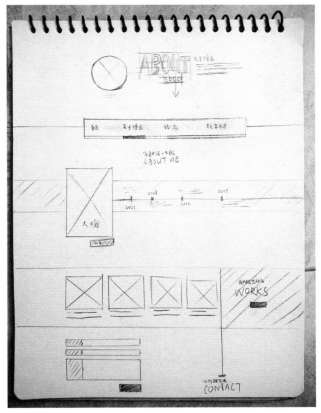

图 7-3

7.4 素材整理与处理

虽然这个网站项目是个人网站，但是同样需要使用到一些素材。下面，来整理网站中用到的素材，并使用各种合适的软件对某些素材进行处理，方便用于界面设计。

· 由于网站可能用到的介绍性文字是用来做演示填充用的，因此笔者使用了常用的英文或中文假文。这些文字描述并不是真实的。

· 需要用到的照片和图片。案例假定为插画涂鸦设计师的个人网站，主要准备了一些插画和非 UI 类的案例图片，准备了自己的网站头像和一张嘻哈风格的照片。

· 其他可能用到的图片，如滑板、办公素材图片等，如图 7-4 所示。

图 7-4

7.5 配色方案

最终将红色定为网站的主色调。为了保证准确的色彩关系，可以使用 Photoshop 的自带扩展【Adobe Color Themes】来制订一个基础的配色方案，操作方式如图 7-5 所示。也可以使用其他的配色工具来进行配色，并不仅限于 Photoshop。使用 Photoshop 是为了能够快速、方便地将方案直接加入到色板中。

图 7-5

由于网站使用了容易使人产生视觉疲劳的红色，所以必须首先制订一个单色方案，再制订一个含有对比色的方案，保证色彩之间的平衡关系。但是最后不一定使用对比色，还可以使用无色系的黑白灰来平衡这里的红色。色彩关系选项选择"单色"，调整一个感觉舒服的配色方案，具体操作如图 7-6 和图 7-7 所示。

· 第 1 步：使用【吸管工具】，设置一个红色为"前景色"，此颜色就是配色方案的基础色。

· 第 2 步：从【Adobe Color Themes】面板中选择基础色添加的位置，用鼠标左键单击一次即可。

· 第 3 步：用鼠标左键单击图 7-6 所示的图标激活并添加前景色到该位置。（如果在单击激活图标时提示"Only solid colors can be used as fill color. Please select a valid color and try again"，应将鼠标指针移动到【色板】面板的空白处，单击鼠标左键可以激活此前景色。激活后就可以避免这个错误。）

· 第 4 步：选择不同的色彩关系，用鼠标拖动色轮节点可以调整色彩细节。

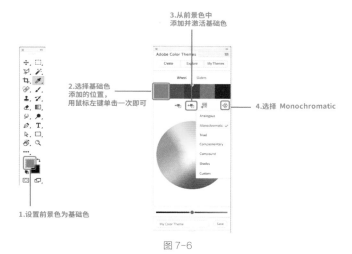

图 7-6

图 7-7

下面，用鼠标左键单击图示按钮，将色彩序列添加到色板中，执行【窗口→色板】菜单命令可以将【色板】显示出来，之后在视觉设计阶段就可以重复使用这些颜色，如图 7-8 所示。

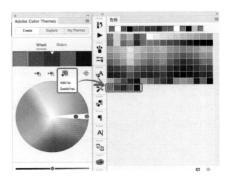

图 7-8

7.6 线框图设计

7.6.1 建立网格

既然花了很多时间对网站进行分析，并绘制了草图、制订了基本配色方案，那么在线框图设计和视觉设计阶段，思路就会非常清晰，整体的设计难度就会大幅降低。这样的好处是减少因前期沟通和前期思考问题造成的设计失误，让设计师能够在一个确定的范围内设计满足网站需求的界面。

下面，我们进入到使用 Photoshop 设计网站线框图的阶段。线框图的细节可以先不去详细考虑，只要充分把握网站需求，在线框图设计过程中随机发挥即可。

首先建立基本的网格系统，辅助页面的整体和局部的设计。根据屏幕尺寸和分辨率的相关参考规范数据（参考本书第 4 章），以常用的 1366 像素 ×768 像素的分辨率作为最常用的 PC 端的界面。因为需要满足至少 1920 像素宽度的屏幕，甚至要满足 Retina 屏的兼容效果，所以使用 Photoshop 建立的画布尺寸肯定要比 1366 像素 ×768 像素这个基本值大。这里笔者根据自己的习惯，使用 1920 像素宽度建立画布，以 1366 像素宽度作为参考，建立合适的安全宽度参考线。

> **提示**
> 画布尺寸、屏幕的分辨率与安全宽度，它们之间的关系或许会让你觉得很混乱，这是很正常的。每一个经验不是很丰富的网页设计师都很难把握这些尺寸，不一定能够处理好它们之间的尺寸关系。要不断地积累和研究，还需要经历真实的案例流程、UI 与前端开发协作流程才能够体会到它们的区别和联系。本书中使用规范和案例来描述它们的关系，也只能作为一个参考，相关的参数并不是固定不变的值。大家一定要努力理解这些内容。

● Step1：创建画布

首先建立画布，执行【文件→新建】菜单命令，选择【Web】选项卡下的【1920×1080 像素 @72ppi】。由于我们的个人网站有 5 个大模块，因此高度可能会比较高。本案例是基于 1366 像素 ×768 像素这个常用分辨率去设计界面，为了保证页面的内容能够在 1366 像素 ×768 像素分辨率屏幕的浏览器中完全展示，每一屏的高度不应该超过 768 像素，为了方便计算，就使用 700 像素作为浏览器的可视高度（当然一般也可以使用 768 像素）。那么文档高度就设置为 700×5=3500 像素，如图 7-9 所示。在实际的设计过程中，按情况增减。

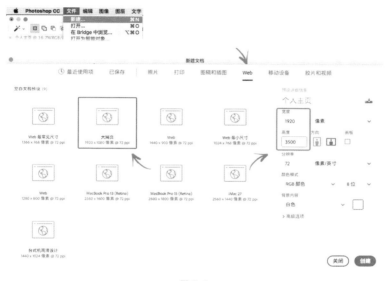

图 7-9

提示

确定画布的初始高度，对于经验不够丰富的网页设计师来说，也不容易快速理解。那么下面我们通过一些设想，来帮助大家更加清楚地理解画布尺寸、屏幕分辨率和安全宽度之间的关系。大家可以想象网站已经上线，你作为访问者去浏览此网站，会看到以下效果。

· 网站使用 1366 像素 ×768 像素分辨率的电脑的浏览器浏览，没有横向滚动条，能够显示首屏的所有内容，网站左右两边有很小的空白。

· 网站使用 1920 像素 ×1080 像素分辨率电脑的浏览器浏览，没有横向滚动条，能够显示首屏甚至比首屏更多的内容，但是网站左右两边有很大的空白。

· 如果使用 1000 像素，而不是使用 700 像素作为浏览器的可视高度，那么网站使用 1366 像素 ×768 像素分辨率电脑的浏览器浏览，就不能看到所有的首屏内容，需要向下滚动一段距离才能全部看到。

· 如果网站不支持响应式，那么使用 1024 像素 ×768 像素分辨率电脑的浏览器浏览，就存在横向滚动条，不能一眼看到首屏的所有内容，需要向右滚动才能看到被剪裁的部分。

总之，万事开头难，建立基本的网格系统也需要方方面面的综合考虑。一定不能够忽视这一个环节，因为整个设计，乃至前端开发，网格系统都会贯穿其中。

● Step2：创建水平参考线

　　由于并未打算在前端开发环节使用 Bootstrap 框架，那么安全宽度就可以使用 1200 像素，甚至可以使用其他近似于 1366 像素宽度的数值作为安全宽度。如果使用 Bootstrap 3.x，那么安全宽度则为 1170 像素；如果使用 Bootstrap 4.x，那么安全宽度则为 1140 像素。通过执行【视图→新建参考线版面】菜单命令，我们将安全宽度设置为 1200 像素，那么基于 1920 像素宽度的文档，安全内容区域左右两边的间距就是（1920-1200）÷2=360 像素。下面，建立一个常用的 12 列的网格，每列网格之间的留白空间宽度（沟槽）为 20 像素（Bootstrap 框架中的沟槽宽度为 30 像素）。然后将数字填写到对应的对话框表单内，即可创建标准的纵向（垂直）参考线，如图 7-10 所示。

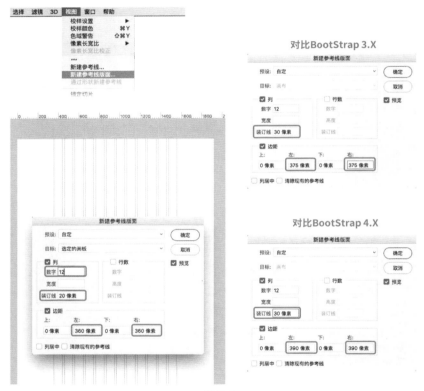

图 7-10

● Step3：创建垂直参考线

　　说到垂直参考线，首先就是确定首屏线。以 1366 像素 ×768 像素的分辨率为基础去布局网页内容，在创建画布时，已经反复确认了使用 700 像素作为浏览器的可视高度。在本书"4.4 页面首屏宽度"中，首屏参考线设置为标准分辨率 1366 像素 ×768 像素的高度值 768 像素。而在这个个人网站的设计中，使用的是比 768 像素更小的值 700 像素。（这里的首屏高度当然不能比 768 像素大，因为我们是基于 1366 像素 × 768 像素这个常用分辨率来设计整个页面的内容构架的。）虽然它们的数值不同，但是并不影响设计。这里是要告诉大家，在设计时首屏高度并不是一个完全固定死的高度，可以根据具体的项目去确定一个参考值。最终的网站是根据前端开发技术来动态调整首屏的高度的（响应式和全屏效果），这在一个纯静态的图片中是无法表现出来的。我们要保证的是，按照正常的比例和参考规范去约束自己的界面设计，最大限度满足前端开发的需要。

①先创建一个首屏参考线。执行【视图→新建参考线】菜单命令，在弹出的对话框中选择【水平】方向，【位置】处输入数值 700 即可，如图 7-11 所示。

②由于网站分为 5 个垂直模块，那么为了方便第 2、3、4、5 屏的设计，我们继续为文档建立 3 条水平参考线，都是以 700 像素的倍数为单位。同理，再执行【视图→新建参考线】菜单命令 3 次，在弹出的对话框中选择【水平】方向，分别在【位置】处输入数值 1400、2100、2800，创建剩下的几条参考线，如图 7-12 所示。

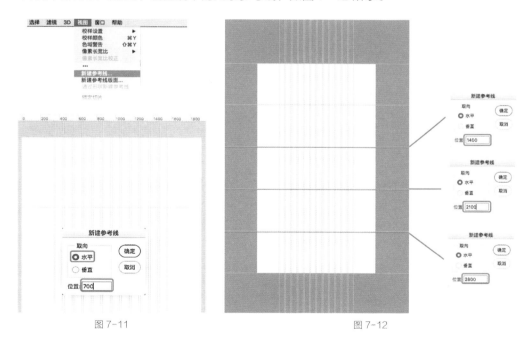

图 7-11　　　　　　　　　　　　　　　　　　图 7-12

虽然后面的参考线都是以 700 像素的倍数创建的，但是并不一定每一个模块都是控制在 700 像素的高度内，可以适当增加或缩小。700 像素只是一个参考值。在设计页面整体时往往需要依靠参考线来把握结构。如果直接从局部开始设计，很难处理好整体的元素比例、字体大小比例等，可能会造成返工。因此，设计界面，一般来说需要从整体到局部，再从局部到整体，反复深入细节。

7.6.2 首屏

①参考草图，绘制一些基本的首屏色块，视觉设计阶段将直接用作【剪贴蒙版】放置外部图像。使用【矩形工具】绘制一个大小为 1920 像素 ×700 像素的色块，边缘贴紧参考线，如图 7-13 所示。

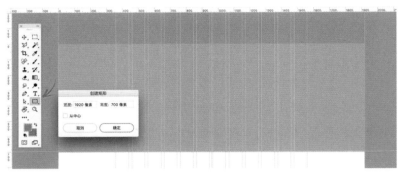

图 7-13

提示

以下的所有步骤都需要参考预先设计的草图进行元素布局，在不同的设计阶段，可以进行微调整。

②按住【 Shift 】键不放，使用【椭圆工具】绘制一大一小两个正圆，控制在参考线比例内。大圆使用比首屏色块深的颜色，小圆使用白色，将它们叠加在一起，将尺寸偏大的那个正圆图层的不透明度调整为 22%。尺寸较小的正圆用于放置网站作者的头像。正圆的直径参考值为 180~200 像素，如图 7-14 所示。

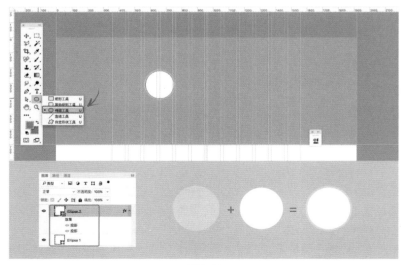

图 7-14

7.6.3 导航

使用【圆角矩形工具】，贴紧参考线的安全宽度边缘绘制一个大小为 1200 像素 ×84 像素、圆角【半径】为 50 像素的白色导航色块。并选中该图层，单击鼠标右键，选择【混合选项】菜单项，在弹出的【图层样式】对话框中设置色块的阴影效果，如图 7-15 和图 7-16 所示。

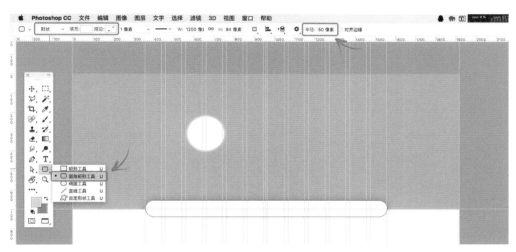

图 7-15

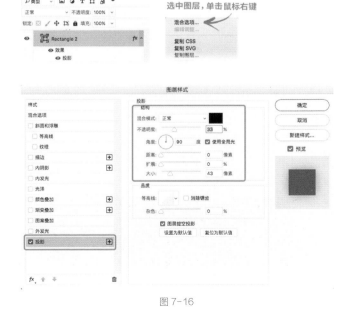

图 7-16

7.6.4 内容主体

第 2 屏将要放置一个时间轴，这个时间轴的文字区域放在一个背景色块中，使用全身照片贯穿效果。使用【矩形工具】绘制一个大小为 1920 像素 ×257 像素的色块，颜色稍微淡一些，如图 7-17 所示。

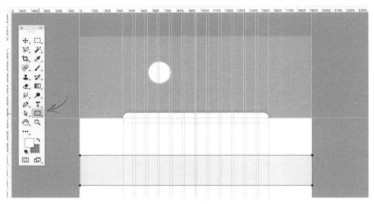

图 7-17

下面，绘制第 3 屏的作品展示区域。调整素材图片的比例，将第 3 屏的 700 像素高度范围调得更矮一些，修改为 512 像素高度，用鼠标拖动第 3 条水平参考线调整即可。使用【矩形工具】绘制一个大小为 1920 像素 ×512 像素的色块，使用黑色作为第 3 屏的色块背景，如图 7-18 所示。

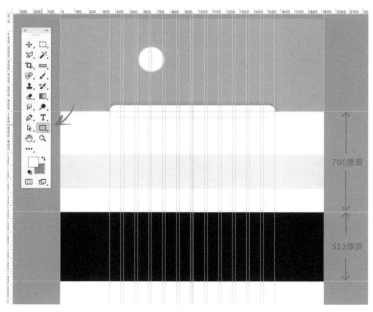

图 7-18

再次使用【矩形工具】，绘制 6 个大小为 245 像素 × 174 像素的白色色块，作为展示作品的容器。它们的位置占据了安全宽度 1200 像素的 80% 左右。画布剩下的右半部分（包含安全宽度的那一部分），使用【矩形工具】绘制一个与第 3 屏等高的灰色矩形色块覆盖，如图 7-19 所示。

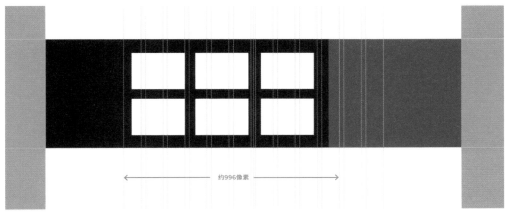

图 7-19

如果想要对齐矩形，先选中并排的 3 个矩形图层，选择【移动工具】，快捷键【V】。然后用鼠标左键单击顶部属性栏的【按左分布】对齐工具，即可实现等距离排列，如图 7-20 所示。有一种简易的方法可以直接将其从 3 个变为 6 个，即先绘制一排 3 个矩形，然后复制这 3 个矩形，并按住【Shift】键不放，用鼠标向下平行拖动变成两行 6 个。

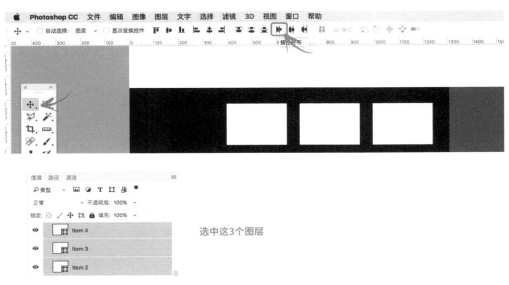

图 7-20

在前 3 屏中我们已经将大致的结构处理完成了，检查并调整细节，最终效果如图 7-21 所示。

图 7-21

7.6.5 表单

下面，第 4 屏使用线条风格的表单。选择【直线工具】，在属性栏中调整【粗细】为 3 像素，按照参考线的网格比例绘制 4 条表单的线条（姓名、邮箱、电话、内容），如图 7-22 所示。

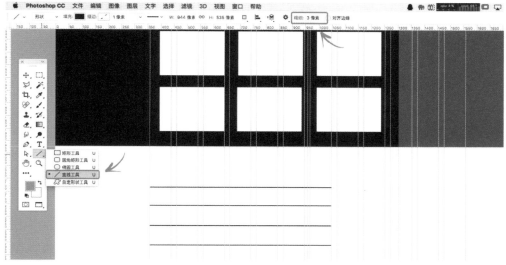

图 7-22

表单右边部分的留白区域，使用【直线工具】绘制一条 1 像素粗细的竖线来增强设计感，如图 7-23 所示。这条线的旁边可以放置这个模块的大标题。

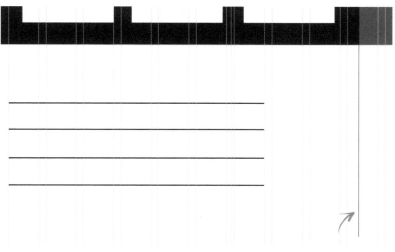

图 7-23

7.6.6 横幅和标语

为了避免整个页面都是介绍作者的相关信息而显得过于单调，在第 5 屏置入一个通栏色块，色块控制在安全宽度 1200 像素内，但是并不等于安全宽度，这样可以兼容大多数横幅的宽度，也可以避免整个页面过于拘束地左右完全对齐。这个色块可以添加网站作者的宣传标语和一些宣传文字或图案，也可以用来放置 Google 横幅广告。以下是色块的绘制过程。

使用【矩形工具】绘制一个大小为 1097 像素 ×958 像素大小的浅灰色矩形色块，在属性栏中将描边宽度设置为 1 像素，设置边框颜色为稍微比色块更深一些的色调，但不要太深。注意色块的宽度是以参考线的比例计算的，矩形的左右两边与两条参考线重合，如图 7-24 所示。

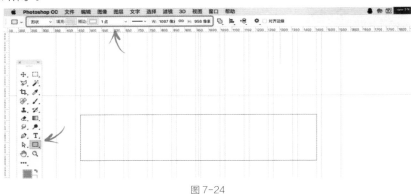

图 7-24

7.6.7 页脚

第 5 屏继续使用【矩形工具】，绘制一个大小为 1920 像素 ×192 像素大小的黑色矩形色块，作为底部导航和版权信息区域（Footer），如图 7-25 所示。

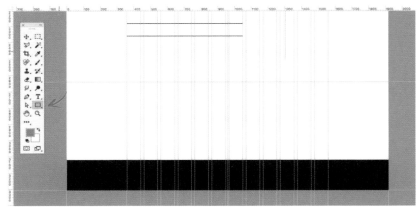

图 7-25

整个线框图设计不同于本书第 2 章的印象笔记 Redesign 的设计，并没有增加文字和按钮，这些文字和按钮将在视觉设计阶段一步一步添加。在线框图设计阶段，大家可以根据具体的情况，适当增减线框图细节。这个线框图还使用了阴影和颜色差异较大的色块，这是因为这些色块也许在视觉设计阶段就会运用这个效果，不一定要修改。最后整个线框图的效果如图 7-26 所示。

图 7-26

本案例的线框图相对于第 2 章的线框图来说，整体结构较简单，设计上也是相对容易的，并不存在复杂的 Photoshop 技巧。由于这个线框图主要是提供了整体构架和比例，那么在视觉设计阶段，就需要花更多的时间处理文字和其他网页元素的细节。如果调整这个线框图的颜色，那么整体外观上看起来会更加协调一些，可以用来作为沟通和视觉后期包装的素材，如图 7-27 所示。

图 7-27

7.7 效果图设计

7.7.1 首屏效果

　　前面已经完成了基本的线框结构，至此就进入到视觉设计阶段。在本书"7.5 配色方案"中已经制订了网站的基础配色方案，因此可以直接使用此方案进行细节刻画。在整个视觉设计过程中，笔者会将使用过的一些设计规范及考虑过的一些用户体验都使用直白的文字描述出来。并不是说每一个部分的知识点都是分散独立的，这些知识点可能是交叉贯穿的，所以大家在学习时务必认真对待每一个步骤，这样才能理解整个设计思路。如果步骤你无法操作或不懂某些操作，一方面需要自己去补充 Photoshop 的软件基本功，另一方面需要结合本书提供的 PSD 源文件进行学习参考。下面，我们基于预先绘制的网站草图，按照从上至下的顺序开始制作首屏效果图。

● Step1：调整形状色块颜色

　　将首屏色块的颜色设置为红色。用鼠标左键双击形状图层即可快速更换颜色，如图 7-28 所示。

图 7-28

● Step2：置入图片

　　从网络上任意搜索两张黄昏、晚霞的照片，照片具备比较协调的"自然红"，将其拖入到 Photoshop 中。也可以通过执行【文件→置入嵌入的智能对象】菜单命令将图片导入文档中。

然后要使用剪贴蒙版功能。置入图像到形状图层上面后，选中该图层，执行【图层→创建剪贴蒙版】菜单命令创建剪贴蒙版，或者在该图层上单击鼠标右键并选择【创建剪贴蒙版】菜单项创建。还有另一种方式，按住【Alt】键不放，用鼠标左键单击两图层中间的缝隙进行创建。这样就可以在有效范围内添加图片，如图 7-29 所示。

图 7-29

● Step3：置入图片处理

将两张图片调整到与首屏色块一样大小，执行【滤镜→模糊→高斯模糊】菜单命令，运用参数较高的高斯模糊滤镜。设置置入图片的图层的透明度,使整体效果看起来和谐一些，将第 1 个置入图层的不透明度调整为 55%，第 2 个置入图层保持 100%，如图 7-30 所示。

图 7-30

● Step4：剪贴蒙版混合调整

　　选择【图层】面板下方的【创建新的填充或调整图层】，添加一个【色相 / 饱和度】调节层、一个"强光"模式的半透明颜色图层，一个"柔光"模式的半透明颜色图层，这两个半透明图层直接使用【画笔工具】绘制模糊效果（弹出画笔选项调整硬度即可使用模糊效果）。将这几个图层设置为剪贴蒙版，它们都只作用于首屏的形状色块和那两张置入的图片，用来调整首屏图片的最终效果。如果你觉得此色彩还不满意，可以灵活运用类似的方法增加调节图层，直到将色彩调整到令人满意为止，如图 7-31 所示。

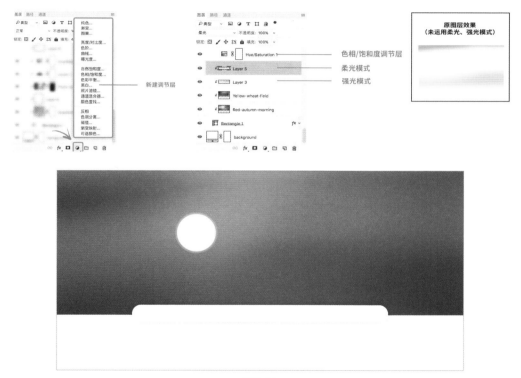

图 7-31

Step5：增加细节

为了增强设计感，我们在首屏顶端位置使用【矩形工具】绘制一个大小为 1920 像素 ×5 像素的线条，使用较深的红色匹配首屏的色调，如图 7-32 所示。

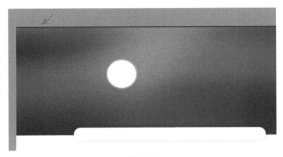

图 7-32

Step6：完善头像模块

同理，使用剪贴蒙版，将头像置入到预先做好的没有调整过透明度的正圆内，并输入网站作者的名字和职位信息，添加两个社交图标按钮，如 twitter 和 facebook。通过搜索引擎搜索 PSD 社交图标，可以找到很多免费的社交扁平图标。将图标直接拖入到 PSD 中使用即可，不需要自己绘制。当然，如果设计师想自己绘制，也一定要使用形状工具绘制。

这里的英文名字和职位信息都使用了苹方字体。为了区分姓名和职位信息，这里增强了两个字体图层的对比度，一个图层加粗并使用了高亮的白色，另一个图层字体的颜色稍微淡化一些，与首屏的红色背景相协调。字体大小遵循常见的规范，使用了 12 像素和 13 像素，两个文字图层的行距使用 1.7 倍行距，这样能够提高这两行文字的可读性。整个设计，如果没有特殊的字体需求，中英文都一律采用的苹方字体。

字体的渲染方式（锐利、犀利、浑厚、平滑、Mac LCD、Mac），可以根据自己的需要去选择。PSD 文件和最终的上线网站在不同的操作系统和浏览器下会表现出不同的字体渲染效果。在本案例中，通常使用【平滑】和【Mac】（如果是 Windows 操作系统即为【Windows】）两种渲染方式，如图 7-33 所示。因为主观上这样渲染会比较接近上线后的网站在 Chrome 浏览器中观看的效果。

图 7-33

提示

以下的步骤都会采用这种方式，将每一步所使用到的设计规范和一些用户体验知识直观地描述出来。大家要细心体会这些细节的处理过程。

图 7-34 所示是通过以上简单的步骤完成后的头像搭配效果。

图 7-34

● Step7：主视觉处理

下面，我们要设计一个能刺激感官的首屏效果，这里使用一个英文单词"Welcome"，大家也可以使用其他的英文单词或中文词组来做效果，随意发挥。为了使英文字体比较突出，可以使用较粗的英文字体，这里使用的是 120 号 Helvetica Neue LT Pro 字体，当然也可以使用 Impact 字体。一般来说，英文字体在前端开发过程中可以直接引用第三方字体，所以大家只要掌握好字体之间的协调感，选用合适的字体做效果即可。当然，在交付文档时，一定要让前端工程师知道你用了哪些字体，有哪些类似的字体可以选择。在设计稿中，由于每个人的操作系统并不一致，字体渲染会存在差异，使用 Mac 系统做设计稿并不能实现和 Windows 系统下一模一样的效果，因此笔者优先选择在 Mac 系统下的设计效果。真正的网站，还是需要前端技术去匹配你的设计图。

同时，在英文字体的下方输入一段字体大小为 12 像素的中文文字来描述网站作者，如图 7-35 所示。这样的好处是与英文字体形成鲜明的对比，将用户的注意力转移到这段文字上，也突出了个人网站的特性。注意整个过程都要严格使用网格参考线来布局，这样能够给前端开发提供一个准确的比例参考，便于进行响应式设计。

图 7-35

209

● Step8：主视觉细节刻画

使用【直线工具】绘制一些半透明的线条（调整图层的不透明度或填充值即可）和一个向下的箭头（不用调整透明度），并使用【矩形工具】在箭头上方绘制一个矩形，在矩形中增加一个网站名称，完成最终的首屏渲染，如图7-36所示。

图 7-36

将头像和文本都居中，留出大量的空隙，也就是运用了留白，能够增加整个页面的鲜活性，并将焦点转移到头像和文字上来。红色本身就有一种活跃和热情的特性。首屏的整体感，可以运用大量的留白和色彩内涵来表现。

● Step9：完善导航菜单

首屏的主视觉部分已经完成了，下面要将导航菜单补全。使用12像素的苹方粗体，中英文结合，作为导航的文字。文字的颜色使用了暗红色，这样能够与整个网站的基调产生共鸣。当然也可以使用黑色。同时，在文字"首页"的下面使用【矩形工具】绘制一个高5像素的红色矩形，作为选中当前导航文字的效果和鼠标悬浮效果。增加这个效果，是为了增强前端交互过程中的导航对比，提高网站导航的体验度。如果觉得线框图阶段设计的导航背景板的阴影不合适，可以重新进行调整。

另外，页面的导航菜单只包含了"首页、关于博主、我的作品、联系方式"，也许后期会将更多的导航链接放到一个隐藏的模态窗内，那么要触发这个模态窗，必须有一个入口。使用【矩形工具】绘制 3 条短横线，作为一个汉堡包导航放置在页面的右上角。当用户单击这个汉堡包导航按钮时，会触发隐藏的模态窗，将显示所有的导航文本和链接，如图 7-37 所示。这个模态窗的设计，将会在整个页面设计完成后再做进一步讲解。

图 7-37

7.7.2 时间轴处理

在第 2 屏中我们使用时间轴的方式来介绍作者，那么需要让用户清晰地知道第 2 屏的表现意图，给每一个重要模块都增加一个模块标题。因为第 3 个模块和第 4 个模块（也可以说成是第 3 屏、第 4 屏，虽然它们不一定就是完整的一屏，但是笔者设计时时是将它们考虑在一个完整的浏览器高度内）也会使用同样规格的标题效果，因此使用【段落样式】来制作文字模板，使它们能够快速运用到不同的文本图层上。

● Step1：创建文字模板

执行【窗口→段落样式】菜单命令，用鼠标左键单击【创建新的段落样式】小图标后，再用鼠标左键双击面板上新生成的段落样式模板，即可看到【段落样式选项】对话框，设置好属性和名称后保存，即可在面板中看到类似【title-1】的自定义文字模板名称。同理，创建【title-2】文字模板。这两个文字模板一个用作英文大标题，一个用作中文描述，它们的参数如图 7-38 所示。

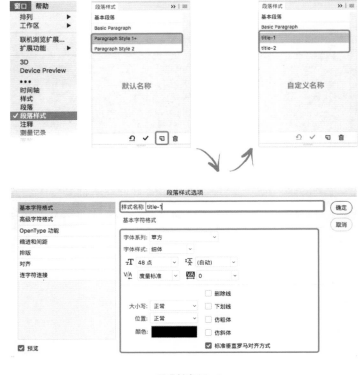

图 7-38

● Step2：应用文字模板

选中新建的文本图层，并选择【段落样式】面板中的【title-1】或【title-2】。用鼠标左键单击【清除覆盖】按钮（圆形箭头），即可将样式应用到当前文本图层上。我们可以在应用了样式的基础上自定义文字色彩和其他样式，如果再次选择样式，会恢复该样式的效果。当应用了模板样式后，如果再选择其他样式，都会自动切换为新样式，如图7-39所示。

图 7-39

提示

如果选中的文本图层还没有应用过段落样式，那么在【段落样式】面板上的某个名称右边会有一个小小的"+"符号，表示可以应用此样式。

同理，应用名称为【title-2】的样式到中文描述上，并在英文文本的左边使用【矩形工具】绘制一个宽为4像素、高等同于英文字符高度的黄色方块。这个小方块与网站的红色存在对比，从整体上可以缓解整个网站太过于刺眼的红色调，并且可以作为一个小小的细节增强整个网站的欣赏性。同时，这个小小的黄色方块也能够提高用户的注意力，让用户快速知道每一个大模块描述的是什么内容。注意在对这些文字进行排版时，留出一些合适的间距，恰当地使用留白，能够提高文本的可读性，并且能够增加网站的美观程度，让用户浏览时更加舒适，如图7-40所示。

图 7-40

● Step3：置入图片

案例中使用了嘻哈风格的照片，又使用了一张滑板图片来搭配整个人的动作。将这两张图直接拖动导入到 PSD 中，并将它们的图层位置放到那个灰色矩形色块下面，调整矩形色块的透明度，做出图 7-37 所示的效果。为了避免不同分辨率下的页面浏览问题，这里将人物放置于安全宽度内偏左的位置。同时还增加了一个图层，使用【直线工具】来绘制一些线条，做出一些动态的视觉感。如图 7-41 所示，该页面由 4 个图层组合而成。如果想要图片质感强一点，可以执行【滤镜→锐化→ USM 锐化】菜单命令处理照片。

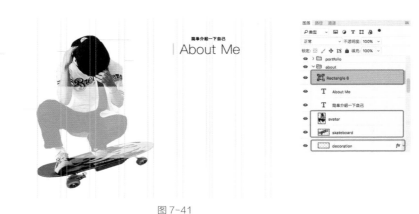

图 7-41

● Step4：图片效果处理

使用【矩形选框工具】选中半透明灰色矩形覆盖到的图片区域，按【Ctrl+C】键将它们复制，合并在一起，同时新建一个色阶调节层作为剪贴蒙版图层，如图 7-42 所示。

图 7-42

用鼠标左键双击色阶调节层，在弹出窗口中分别选择"绿色"和"蓝色"通道，并将位于中间的游标拖动到最右边，这样就可以使整个图片得到红色通道的渲染效果。这一步是为了赋予整个网站一种设计感，与其红色主色调相呼应，如图 7-43 所示。

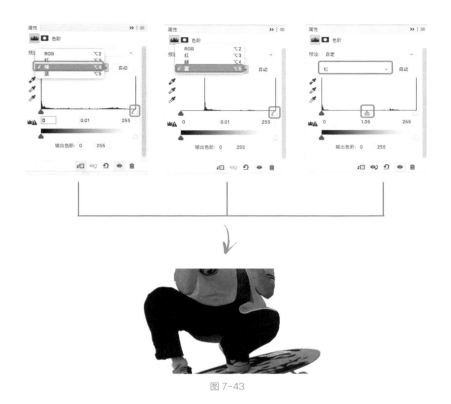

图 7-43

处理完照片后的页面效果如图 7-44 所示。

图 7-44

- ## Step5：时间轴文本排版

　　使用【矩形工具】和【直线工具】，附带一些文本说明，绘制一个图 7-45 所示的效果。（这个图就单纯使用了形状工具和文本工具，调整合适的色彩，很简单的布局和软件基础。如果你不懂怎么去做这个图，就得自行学习了。）时间轴上使用了黄色和蓝色，其实是运用了色彩的二次色原理，设计师可以通过 Photoshop 的自带扩展【Adobe Color Themes】来了解这个色彩关系。整个网站中使用了一些少量的对比强烈的点缀色，可以增加网站的活性，提高欣赏度，减少视觉疲劳。色彩比例的运用，是需要不断积累的，刚开始不能很好地掌握也没关系，只要不断尝试不同的颜色，学习色彩原理，处理好页面的色彩关系就可以了，所谓熟能生巧。

图 7-45

　　那么我们的第 2 个重要的模块就完成了，目前的效果如图 7-46 所示。由于时间轴是可以支持 100% 宽度的，也可以通过鼠标的互动，浏览更长的时间轴。它并没有完全被束缚在 1200 像素的安全宽度以内。这个完全取决于前端开发者的技术实现。作为 UI 设计，也应该将其考虑在内，给前端开发提供一些参考。

图 7-46

7.7.3 作品模块包装

通过上面的步骤，我们已经完成了整个网站将近 1/2 的设计。下面，我们继续从上至下完善整个线框图的细节。

● **Step1: 置入图片**

在预先设计好的作品模块的右边部分，置入一张与办公相关的图片，并将其设置为剪贴蒙版。调整此图层的不透明度，效果如图 7-47 所示。

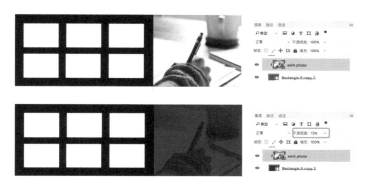

图 7-47

这个模块我们将要提供用户一个访问"更多作品"的导航入口，为了避免单调乏味的设计，在设计线框图的时候专门预留了这一块区域。每一个网站都需要有一个明确的导航，不仅仅是主导航，还有页面内容导航。每个页面的空间有限，为了提高页面的易读性，不一定将所有的信息都显示在一个页面上，因此会采用一些手段来引导用户继续浏览这些未被显示的内容。

● **Step2: 增添细节**

继续完善这个部分的细节，分别通过【矩形工具】【直线工具】【横排文字工具】【段落样式】来创建独立的图层，这 11 个图层共同构成了图 7-48 所示的效果。如果自己还是无法创建这 11 个图层，可以结合本书下载资源提供的 PSD 源文件进行学习。

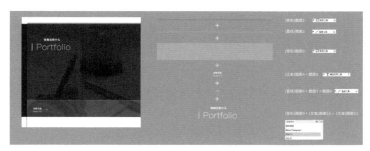

图 7-48

- Step3：完善默认作品缩略图区域

置入作品的缩略图，并将其设置为使用剪贴蒙版，完成图 7-49 所示的效果。

图 7-49

由于网站定位是插画设计师的个人网站，那么作品就难免五颜六色。为了避免颜色繁多造成的视觉混乱，可以将作品图片的不透明度调低一些，这样整个案例作品展示区域就显得比较暗，整体色调不会太突兀。调整图片的不透明度，同时将最后一个作品保持100% 的不透明度，并增加文本和一根白色线条，来表示鼠标指针悬浮时的单个作品的交互效果，这样能够让前端开发人员知道什么样的交互效果能够协调整个页面的设计，给前端开发提供一个很好的参考，如图 7-50 所示。

图 7-50

那么网站前 3 个重要的模块就完成了，效果如图 7-51 所示。同时也要提醒大家，在设计的过程中，务必使用容易理解的图层命名方式，恰当使用图层文件夹，将每一个模块、每一个网页元素都有序地整理起来。这样能够方便后期的维护，方便其他人员使用。养成一个良好的操作习惯，对自己以后的学习工作都是有很多益处的。

图 7-51

7.7.4 表单细节

为了能够让访问者快速、准确地联系到网站作者，网站上不仅将重要的联系方式直观地放置到页面中，还提供了在线留言的表单。这样做的目的是减少用户的操作流程，避免进入另一个新的留言页面，以最快速的方式，将想要传达的信息直观地展示给访问者。这是每一个设计师都需要考虑到的网站体验。

● Step1：添加模块标题和联系方式

接着进行第 4 个模块的设计。首先将线框图中的留言联系模块的竖线调整为黑色，使用【段落样式】和【矩形工具】以同样的方法绘制模块标题。在竖线下方增加两个图标和两个文本图层来显示网站作者的电子邮箱和联系电话。这里的图标使用的是很常见的信封和电话的外观，为了突出图标语义化，设计师也应该尽量选用匹配的图标，如果图标不能够准确表达设计师想要传达的信息，可以搭配文字来补充说明。总之，图标的选用应该做到尽量减少新用户的学习门槛，使网站看起来更加易用，如图 7-52 所示。

图 7-52

● Step2：细化留言表单

　　大家有没有发现，本案例从首屏开始，就使用了 1 像素粗细的箭头。这个箭头不仅仅是作为网站的引导，还作为整体风格的一个细节体现。因此在设计表单的提交按钮时，同样可以设计成这种箭头风格。在界面设计中，往往无数的细节能够组合成为一种风格和基调。风格，往往由一些微小的细节构成。这种箭头由 3 个图层构成，这 3 个图层使用 1 像素粗细的【直线工具】直接绘制，非常简单，如图 7-53 所示。

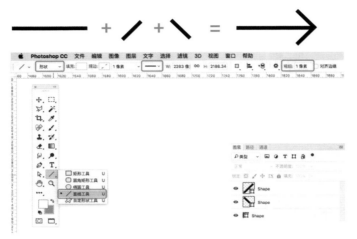

图 7-53

　　制作完箭头，剩下的无非就是使用【横排文字工具】添加文本图层，完成图 7-54 所示的效果。注意在添加这些文本时，控制好文本的间距和中英文文本的对比（颜色、大小、粗细、字体）。一般来说联系表单由最基本的"称呼""电子邮箱""电话""网址"或"内容"组成，设计师在设计表单时，一定要充分考虑如何最精简，如何让用户快速、简单地填写并提交信息。如果表单设计得过于复杂，用户反而会产生一种排斥和厌倦感。切记不要利用表单来强迫用户泄露隐私。表单设计，不仅仅要考虑用户的操作流程，更要考虑用户的心理。如果一个网站天生就是盗取用户的隐私信息，或者存在过多的强迫用户的行为（强制弹窗、强制广告等），那么势必会造成大量的用户流失。

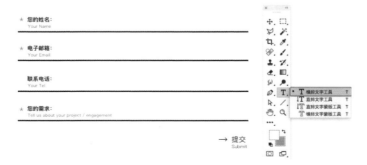

图 7-54

下面，来看 2/3 页面的效果。每一个元素，每一个部分，都按照参考线的比例进行布局。核心的内容，一定都是控制在 1200 像素的安全宽度以内的，每一个大模块都是控制在预先设定的 700 像素高度内。部分支持 100% 宽度浏览的信息，可以适当地突破安全宽度的限制，如图 7-55 所示。但是最终，设计师也要考虑到前端开发的技术水平。切记不要只为了设计而设计，我们不是单纯的画图工人，而是设计师。要为用户而设计，为体验而设计，为协作而设计。

图 7-55

7.7.5 横幅设计

下面,要设计一个横幅作为站内广告或宣传标语。一方面可以打破中规中矩的信息层级,另一方面可以增加用户的视觉焦点。在设计横幅时,如果某些模块(如 Footer 模块)和横幅挤在一起,会显得不美观,Footer 整体感觉矮了一些,那么就需要将它调整得更高一些。由于整个版面并不是中规中矩的,往往在设计过程中会需要不断调整模块的比例。线框图只是作为最初期的一个结构,并不是每个模块都能处理准确。

这个横幅很简单,使用【矩形工具】,将矩形的颜色设置为银白色,并使用浅灰色的1 像素的描边,使用和首屏一致的英文字体"Helvetica Neue LT Pro"和中文字体"苹方"。英文和中文之间有明显的尺寸差距,英文字符也有一个红色和黑色的对比,这样能够增强横幅的吸引力和设计感,如图 7-56 所示。

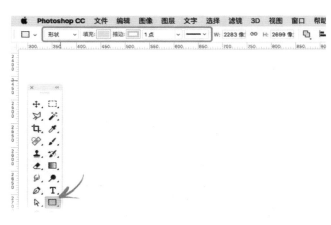

图 7-56

整个网站就快完成了,仔细观察会发现整个页面中运用了大量的红色、黑色和白色,同时运用了非常少量的黄色和蓝色。黑色属于无色系,可以搭配任意冷暖色,由于网站的红色占了大比重,为了平衡视觉感,黑色的运用也占了一定的比重。白色作为基本的背景色,能够有效地将红色和黑色区隔开来。整个页面的色块感也非常明显,这些色块和留白空间共同增强了网站的可读性和对比度。网站的文字大小、字体选择和图标风格也是很有规律的,这种规律可以增强单个页面和多个页面的一致性,增加用户的信任感,如图 7-57 所示。

图 7-57

7.7.6 页脚设计

在考虑页脚设计时，为了给用户增加一个获取最新的插画作品的入口，我们在原线框图的基础上增加一个订阅表单，并使用红色背景色块。（注意网页中的红色调的饱和度并不是都是相等的，可以根据整体效果在色调饱和度上做微调。）一般黑色使用的面积过大，会造成压抑感。作品展示区域使用的黑色，由于结合了作品图，这种压抑感被明显削弱。页脚区域并没有丰富多彩的图片填充，因此这里提高页脚黑色背景的明度，降低黑色和红色的对比度。

● Step1：色块单色调整

为了给页脚增添一些设计感，在页脚处置入一张风景图片并设置剪贴蒙版，将其不透明度调整为非常低的数值，隐隐约约可以看到一些轮廓即可。使用【矩形工具】绘制两个1920 像素宽度的色块，作为页脚区域内容的容器，如图 7-58 所示。

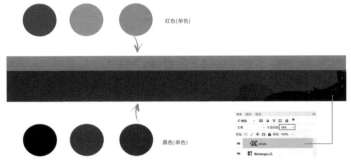

图 7-58

● Step2：订阅表单

在红色色块上，使用【圆角矩形工具】绘制一个大小合适的圆角矩形，圆角【半径】设置为 15 像素左右。按钮延续整个页面的风格，使用箭头搭配文字的方式。表单的默认文字使用比较浅的灰色，让用户知道在表单中需要填写 Email，如图 7-59 所示。

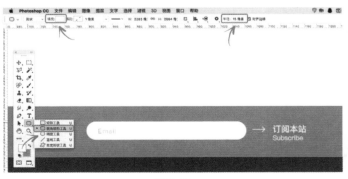

图 7-59

- ## Step3：页脚文本

　　使用明度较高的灰色作为页脚的导航和版权信息文字颜色，能够与整个背景很好地融合，避免了太过突兀的设计。并且字体和背景也具有一定的对比度，能够让用户看清文字。同时，Logo 文字使用明度较高的白色，使其和背景、导航、Logo、版权信息都形成强烈的对比。对比层次分明，避免用户在寻找信息的时候产生视觉混淆。页脚的形状色块和文本颜色主要是利用了色彩中的明度变化和单色搭配原理。这些文本也被有效控制在安全宽度参考线范围内，并为了更好的视觉效果，文本使用了 2 倍行距，如图 7-60 所示。

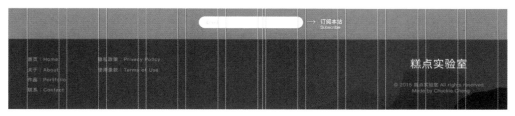

图 7-60

7.7.7 细节调整

　　最后，别忘了从局部到整体，再从整体到局部，反复地检查每一个细节，如图 7-61 所示。我们再来看需要从哪几个方面入手检查。

　　·检查整个页面中是否存在错别字或单词拼写错误（案例中的文字使用的是假文，并不是真实的描述性文字）。

　　·需要对齐的元素之间是否对齐（对齐非常重要，哪怕只是 1 个像素）。而某些元素的对齐并不需要特别精确，只需要概念上的对齐感，设计师不能事事都钻牛角尖，有时太注重"细节"，只会画蛇添足或给自己带来不满情绪。有些"细节"并不是必要的。

　　·整体颜色是否协调，局部颜色是否协调，整体与局部颜色是否匹配。

　　·文本的大小、间距和行距。

　　·英文字母的大小写。

　　·图层或图片的清晰度、边缘锯齿。

　　·模块比例、留白距离是否得当。

　　·其他。

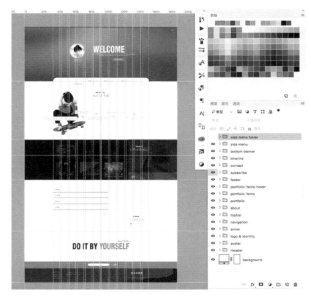

图 7-61

7.7.8 隐藏模态窗设计

本书"7.7.1 首屏效果"的导航菜单设计中在右上角创建了一个汉堡包导航按钮，用户触发这个按钮时，将弹出一个模态窗（这里的模态窗，我们可以理解为弹出层或全屏弹出窗口），显示所有的导航文本和链接。虽然这个个人网站只显示 4 个链接"首页、关于博主、我的作品、联系方式"，但是为了增加项目的完成度，给前端开发提供一个更完善的交互效果参考，我们再继续设计一个页面，来表现这个模态窗。在具体的项目中，设计师可能会设计多个交互效果页面。网站是否需要汉堡包导航，需要根据具体的页面交互需求来确定。由于此个人网站设计主导航空间有限，不需要将所有的链接都列出来，一是为了保证个人网站的焦点，二是为了保证主导航空间不足造成的美观问题，在页面上使用汉堡包导航，可以显示更多的链接。

设计过程非常简单，在整个 PSD 图层的最上面新增一个图层文件夹，作为这个模态窗口的图层容器，文件夹命名为"side menu hover"。首先使用【矩形工具】绘制一个和页面一样大小的矩形，设置为半透明的红色。然后继续使用【矩形工具】，绘制一个白色描边的矩形，在矩形中使用文本工具添加文字图层即可。最后，别忘记使用【直线工具】绘制两条 45°的斜线来组合成一个关闭按钮。当用户单击空白处或关闭按钮时，可以关闭此模态窗继续浏览网站，如图 7-62 所示。使用模态窗的好处就是无刷新，快速易用。

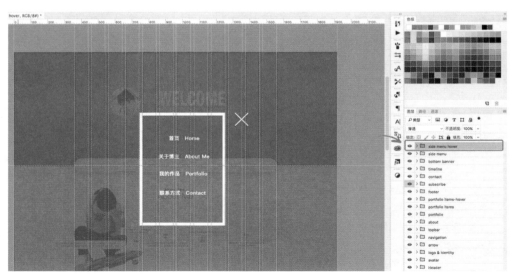

图 7-62

对比整个页面的效果图和模态窗的效果图，如图 7-63 所示。

图 7-63

7.8 手机版效果图设计

　　目前，互联网发展迅速，任何网站都应该支持最基本的响应式。响应式技术也越来越成熟，虽然它基本上取决于前端开发的能力，但是作为设计师，在适当的时候，也应该提供一个响应式的界面设计给前端作为参考。响应式界面设计，主要是基于已经完成的效果图进行的内容迁移和布局调整，风格、色调、文本等元素都不需要重新设计。一般来说，设计师只需要另外设计较小的手机版界面即可，因为网站在平板设备上显示的效果，一般和 PC 端的效果不会相差太多。退一步说，就算要设计平板电脑的效果图，只需要直接利用已经完成的 PC 版的 PSD 文件，调整少量图片和字体大小、留白、间距等就可以完成，速度会非常快。

　　本章前面的内容只是做了一个 1920 像素宽度的界面，并不是响应式，响应式效果其实是由前端开发实现，设计师根据需要，可以设计不同尺寸的界面给前端开发作为参考。Photoshop 完成的网站设计稿，并不存在响应式，只存在不同的尺寸效果。当然，如果将响应式这个概念运用到图片或设计稿上也是可以的，笔者认为可以将响应式图片或设计稿理解为"不同尺寸的、存在细节差异的、内容有增加或删减的"序列。

也许有人会问，如果要设计响应式的界面，应该设计多大尺寸的？由于 Web 和 APP 的渲染方式不一样，它们的设计规范也不一样，因此设计较小尺寸的 Web 界面并没有一个固定不变的标准。大家只要使用 Photoshop 创建一个预先配置好的画布即可。笔者一般会使用 iPhone6 的规格（750 像素 ×1334 像素）来设计原始的手机端效果图，然后复制一份 PSD，将其缩小一半，调整为 375 像素 ×667 像素的大小。这两份效果图对比着看，也能够给前端开发提供更为全面的响应式设计参考。所以在使用 750 像素 ×1334 像素这个尺寸设计网页时，要考虑到如果尺寸缩小一半变为 375 像素 ×667 像素，那么在手机设备上浏览字体大小是否合适，按钮、图片等元素的比例是否合适。在创建文档时，选择【移动设备】选项卡，可以创建一个 iPhone 6 规格的画布，如图 7-64 所示。

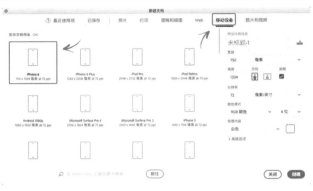

图 7-64

在设计手机版界面时，可以参照一些 APP 设计规范来设计网页元素，如 iPhone 6 规格（并非 iPhone 6 plus）的网页，状态栏高度为 40 像素，导航栏高度为 88 像素，标签栏高度为 98 像素。当然，也可以抛弃这些 APP 规范去做 Web。图 7-65 是以上个人网站的手机版界面效果图，一个尺寸是 750 像素 ×1334 像素，一个是 375 像素 ×667 像素。效果图只需要提供给前端开发作为参考，一般来说前端开发只需要根据效果图的规格来指定响应式代码即可，除非比较特殊的设计，否则不需要设计师单独进行切图。

750像素 x 1334像素

375像素 x 667像素

图 7-65

由于 Web 手机版界面设计的流程和步骤基本和 PC 版的类似，并且是基于已经完成的 PC 版设计图进行设计，尺寸较小，相对来说要比 PC 版的界面简单得多。因为尺寸上并没有一个固定的标准，所以手机版的界面设计过程就不在本书中列出。值得提醒的是，手机端的界面根据项目的综合性，也会有非常复杂的设计过程。整体来说，界面尺寸越大，要兼容的设备越多，需要考虑的因素就越多，那么设计的难度就会增大。不仅对设计师来说整体难度增大，对于前端开发人员来说，对代码和技术的要求也会相应增加。本书附赠的下载资源附带了本章案例的移动版和 PC 版源文件，大家可以直接用于学习参考。

图 7-66 所示是移动端 Web 设计稿的参考数据，包含了字体大小、图标大小、状态栏、导航栏、标签栏、线条粗细等参考值。这些数据用于 PSD 文件的设计参考，并利于设计师用于 Retina 效果的参考。如果运用到前端开发，则这些数据在 CSS 代码编写时应当使数值减半。由于前端开发时一般会设置 meta 标签的 viewport 属性，使你的布局宽度和移动设备宽度相符，因此只需要按照 PC 端正常的比例去设计响应式即可，这样能降低工作的复杂性。数据仅仅作为参考，并不是一成不变的。

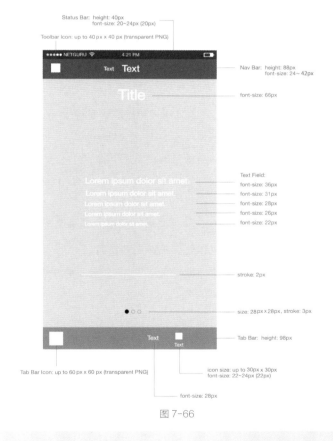

图 7-66

提示
　　图 7-66 是专门针对 Web 设计的参考，要和原生 APP 的设计规范区分开来，它们有一定的相似性，但是在项目使用过程中，也有一定的差异性。

7.9 个人主页自测

本章的实战演习，到这里就结束了，你需要回头看一看、想一想所运用到的设计规范和用户体验知识。思考如何将它们很自然地运用到每一个项目中，如何处理好设计与开发的关系。本书前 7 章，其中第 2 章和第 7 章（本章）都详细讲解了一个项目的完整制作和思考过程，我们要学会举一反三，以不变应万变。

这 7 章内容有难有易，是整本书对于知识和技巧融合的核心章节，需要大家仔细阅读。也许有部分知识不能完全掌握和理解，这个是正常现象，大家只需要不断地在实际项目中思考研究，学会总结和分享，慢慢就会熟能生巧。本书最后两章作为本书的一个探索和扩展，阅读起来会比较轻松。不过，阅读剩下的两章前，我们还需要完成本章的一个小测验，来巩固所学的知识。大家千万不要忽略这个环节，往往很多人都是因为不做测试，时隔数天后就忘得一干二净，白白花了时间阅读那么多文字。

测试时间：

两个星期内。

测试内容：

根据自身的性格特点，以及知识和技能的掌握情况，参考本章的内容，给自己一个定位，为自己设计一个个人网站。

如果有条件，希望你能够购买一个独立的域名、主机空间或云服务器，将自己的设计通过网址的形式展现出来。具体的操作方法，可以通过搜索引擎或其他图书学习。

要求：

1. 不要将设计规范和用户体验等知识孤立开来思考，要在设计的过程中边操作边思考。

2. 注意 PSD 的图层和图层文件夹的命名。

3. 熟练运用参考线、剪贴蒙版、形状工具、文本工具、色板、调节层等本章中提到过的软件工具或技巧。

4. 尽可能设计 1~2 个不同尺寸的响应式界面。

5. 学会从多个角度，总结归纳自己的项目的优点和不足。

○8

网页设计新趋势
——Material Design

8.1 理解 Material Design Lite（MDL）

8.1.1 概念理解

前面的几章，我们是从一个原生的设计规范入手，综合考虑各种体验因素去设计一个 Web。说到 Web，为了让大家对本书的核心思想理解得更加清晰，这里来做一个总结性的表述。书中很多地方为什么不直接使用"网页"或"网站"而使用"Web"呢？因为 Web 从意思上包含了 UI、前端开发、用户体验、行业特征、风格特点、设计类型、技术类型等层面，用它作为一些段落的关键词，能够灵活地传达网站作者的意思。使用中文，或许就有些过于局限，不利于表达意图。这一章，我们将从一个新的层面——风格趋势，来拓展设计思路。

Material Design 是 Google 公司创造的一种设计理念，它分解了几乎设计中所有的东西，如动画、风格、布局、设备等，并且拟出了一些可用的模式、组件和可用性的指导。根据谷歌官方的文档，可以将 Material Design 理解为一种视觉语言，它将最基本的设计原则、技术与科学的创新尽可能完美地结合起来。由于时代是不断变化的，这门视觉语言也会不断地迭代升级。如果大家想详细了解 Material Design，可以自己去其官方网站上浏览英文版的文档。本章内容并不是对原官网的翻译和复制，而是对 Material Design 这种风格和理念的理解和运用，包括一些基本的的设计规范知识。

Material Design 是一种底层系统，它可以跨平台、跨设备，支持多种交互方式，包含触摸、语音、视频、鼠标、键盘等。我们也可以将 Material Design 称为材料设计，它所引导的不仅仅是一种流行的风格或设计趋势。虽然扁平化设计仍然流行，但是 Material Design 的设计理念和标准主导了网络和移动设计中的非常多设计模式的应用，本章将重点关注其在 Web 领域的一些资源，以便设计师能够在新的设计理念中使用新的思维和方式来设计 Web。

Material Design 的运用范围非常广，但是本书并不是研究安卓开发的，因此大家需要知道其旗下的一款产品——Material Design Lite（缩写为 MDL）。MDL 是一个 Web 开发框架，Lite 意为精简版，它不依赖于任何 JavaScript 框架，可以为你的网站添加 Material Design 外观，可以跨设备、跨浏览器，向用户提供了可快速访问的体验。在前端开发过程中，开发者可以引用 MDL 的资源，通过对 MDL 的理解，选择合适的组件和设计规范。MDL 已经运用到 Google 相当多的产品中，包括 2017 年全面升级改版的 Youtube 等产品。既然它是属于一种框架，我们就需要了解一些基于这种框架的设计常识，以便能够按照自己的思路去设计 Material Design 风格的 UI。本章仅利用现有的一个实际案例，来选择性地给大家提供一个新的设计风格和理念。

8.1.2 优势

我们大概了解了 Material Design 的概念，可以认为它是一种设计趋势、一种设计风格，也可以认为它是一种设计方法。我们来看一看 Material Design 的一些优势，通过这些优势，大家也许可以感觉到学习 Material Design 的必要性。

· *Material Design 基于现实（如纸笔墨）的探索和启发。设计本应源于现实，这是一种非常值得学习的视觉线索。*

· 它利用大胆的图形和色彩、大胆的创意来驱动视觉效果，层次结构非常清晰，能够改变设计师对事物的思考方式。

· 运用了大量合理的动画，暗示和引导用户，提高了触感和易用性，增强了用户注意力。这些动效并不仅仅是为了移动而存在，它更多地反映了现实中的物质世界。

· 能够扩展一种新的设计规范和理念，对于未来 Web 设计中新方向的探索具有很大的学习和运用意义。

其实 Material Design 既是抽象的又是具象的，具体要看每一个设计师怎么去理解它。下面，本章要对 MDL 的某些设计规范进行系统的点拨和运用。注意，这些知识点并不是完全翻译或复制官方资料，它们并不存在绝对的不变性。本章主要结合一个实际案例来讲解这些知识点，并且教会大家在设计过程中如何更好 地 运 用 MDL。MDL 和 Material Design 的安卓设计规范，其实都是共通的，但是由于设计领域和运用领域不同，在设计上还是有一定的差异，既然本书是讲解 Web 设计，那我们也应该立足于 MDL 这个框架，来做有针对性的 UI。图 8-1 所示是本章全程贯穿的一个 Material Design 风格的案例，运用 Material Design 外观风格，并不是要求你的设计要和官网提供的模板和各组件都一模一样，而是要学会举一反三，运用其资源进行更加有效的设计。此案例是一个摄影师的个人网站，因此在分析案例时，需要从摄影师的角度去理解和挖掘信息，不要仅仅从已经完成的 UI 稿中寻找信息。

图 8-1

提示

本书附赠下载资源提供了图 8-1 的高清样本，观看案例的细节可以利用本书附赠的资源文件。

8.2 MDL 基础规范运用

8.2.1 字体

Roboto 是 MDL 的优先字体，安全字体是 Helvetica。为了保证在不同的操作系统和设备中能够使用该字体，并且提高页面访问速度，建议使用 Google Fonts 远程嵌入本字体。在 Android 系统中，Roboto 一般都是系统的默认字体，因此在移动端设备上不用担心字体丢失的问题。下表对文字在浏览器的 HTML 元素中的粗细和大小进行了统计，大家可以用来参照制作 PSD 界面。当然在做具体项目时，不一定完全按照这些数据，要学会灵活运用这些规范，理解这些数据给设计师带来的参考价值和利用价值。

> **提示**
>
> 注意本章讲解的 Material Design Lite 字体规范仅针对英文，中文字体选择可以参考本书其他内容的字体规范。

表　MDL 字体大小（font-size）、粗细（font-weight）、行高（line-height）和字符间距（letter-spacing）参考

HTML 标签	大小 / 行高	字符间距	文本粗细
body	14px/1.42857142857	-0.02em	400（normal）
h1	56px/1.35	0	400（normal）
h2	45px/1.06666666667	0	400（normal）
h3	34px/1.17647058824	0	400（normal）
h4	24px/1.33333333333	0	400（normal）
h5	20px/1	0.02em	500
h6	16px/1.42857142857	0.04em	400（normal）
blockquote	24px/1.35	0.08em	300
p	14px/1.42857142857	0	500

或许会有人问，为什么要列出那么详细的数据表格？其实本书的前几章也有过类似的比较具体的数据表格，列出这些表格，并不是故意将问题复杂化，往往设计师在实际操作中，不容易把握字体大小这种细节，况且整个操作在一个软件界面中进行，如果设计师的脑子里没有一个参考数据，那么更难把握这种必须注意的细节。这些表格，往往能够培养对数据的敏感度，能够增加脑海中的参考数据，给设计带来便利，提高准确度。这些数据，一方面是基于一些官方的标准，另一方面也是经过很多项目实战后整理归纳出来的，因此看上去可能会有点复杂，也不容易完全掌握，这需要长时间的运用和积累。本书的所有数据表格，目的都差不多，都是为了给设计带来便利。大家只需要理解，懂得运用就可以。记住，数据不是一成不变的，随着时代的发展，类似本书中的参考数据也会不断地迭代更新。

页面中的大部分字体都是以 Roboto 为主，这样就构成了整个页面甚至多个页面的统一性，不要使字体显得过于花哨，否则容易引起阅读障碍，如图 8-2 所示。

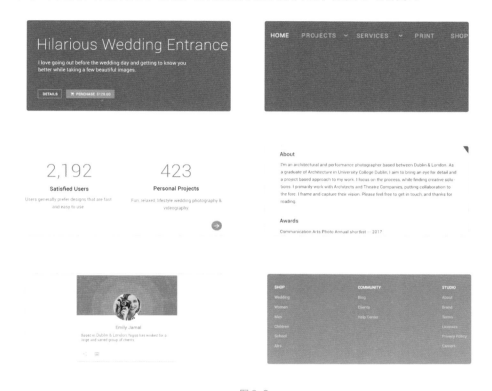

图 8-2

　　首屏滑块的文本和按钮的字体大小层级关系也参照了上述表格数据。这些文字通过不同的字体粗细、大小，来突出每一张照片的核心特点，提高顾客的购买率，同时文字和按钮也形成了一个较为鲜明的对比和层次感，这也是增强网站用户体验的方式之一，如图 8-3 所示。

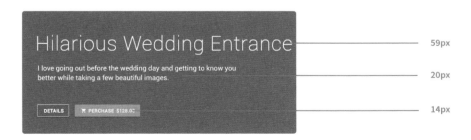

图 8-3

8.2.2 调色板

MDL 提供了丰富的色彩供设计师选择，图 8-4 所示是 Google 的调色板，可以通过官方网站自定义色彩并生成相应的 CSS 文件。选用一种颜色作为主色调，将其他的颜色用作高亮或辅助色。注意，设计师应在不断的积累过程中，慢慢熟悉色彩比例的调配。合适的比例，往往能够帮助你大胆地选用多个色彩。

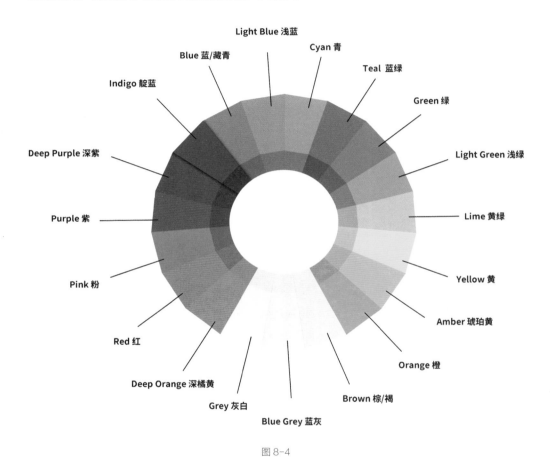

图 8-4

将整个页面的色彩比例按照由上（低）至下（高）的顺序做一个统计分析，这个图可以更加直观地了解页面中的调色板的运用方式。这一设计案例并没有使用 Photoshop 的配色工具，而是直接利用 MDL 的在线调色板来取色。整个页面的颜色既有相似色，又有少量的对比色，这样处理色彩关系能够使页面看起来不是那么单调乏味，也能减少一些因为紫红色区域过多造成的视觉疲劳感，如图 8-5 所示。

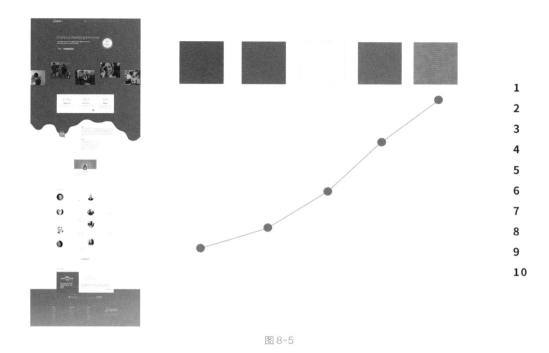

图 8-5

8.2.3 阴影

　　阴影在美术界一直都是一个很重要的东西，在素描的运用中尤为明显。它不仅只是一种效果，更源于现实的启迪。Material Design 的阴影是由材料之间的重叠的高度差产生的。阴影可以渲染一种立体感，可以提供良好的层级体验。如果运用得当，能够使你的设计具有更好的层次感，提高用户的注意力和体验度。图 8-6 所示为不同层级上的阴影效果。

图 8-6

在设计摄影师的照片流的交互效果时，运用不同的阴影，将图片的高度差明显地表现出来，同时还可以看到按钮的细微阴影效果，如图 8-7 所示。在组件部分，我们会详细讲解按钮的设计规范。在本案例的其他部分，也运用了大量不同的阴影效果，就不一一进行分析对比了，大家可以结合下载资源中的高清图进行参考学习。

图 8-7

8.2.4 图标

Google 为 Material Design 提供了非常全面的开源图标库，包含了 PNG 和 SVG 格式的图标、图标字体，设计师可以根据项目对图标的具体需求去选择使用哪一种格式。图标作为一种简洁、易记忆的图形语言，在设计中的地位也是相当重要的。这些图标简单友好，通常能够描绘 UI 中的通用概念，并且针对不同的平台（包括 iOS）做了不同的优化处理，以保证最高的清晰度。图 8-8 所示为部分开源图标。

图 8-8

图 8-9 所示为绘制图标的网格系统示意图。在 Web 形式渲染下，绘制图标的画笔粗细设置为 2 像素（在安卓系统中粗细为 2dp），2 像素同样用作曲线、角度及其内外描边的统一数值。

图 8-9

案例中运用了很多 MDL 库中的图标，如图 8-10 所示。

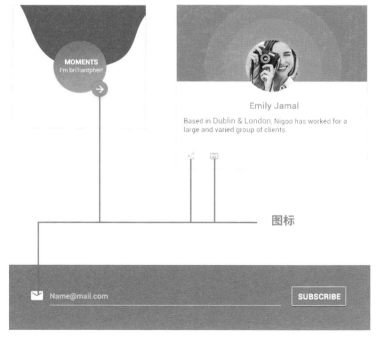

图 8-10

8.2.5 部分组件

MDL 提供了丰富的基于 Material Design 理念的 Web 开发组件，了解材料设计的目标和原则对于正确使用 MDL 组件至关重要。使用组件能够快速搭建各种类型的 Web，并且保证其在各个设备和浏览器下的兼容性，支持响应式。本章的案例筛选了部分组件进行讲解，Google 官方的组件库随着时代的发展也会不断更新，因此大家要学会如何选择合适的组件，并了解这些组件遵循的 Material Design 的设计原则。

> **提示**
>
> 再次强调，Material Design Lite（MDL）是基于 Material Design 的一个前端开发框架，我们学习 Material Design 的目的并不是学会使用这个框架（当然在项目中你也可以使用这个框架），而是学习 Material Design 的设计理念和一些核心的原则和技巧。目前也有一些运用了 Material Design 理念、具备 Material Design 风格的前端开发框架，如由 Bootstrap 扩展而来的 Material Design 风格的前端框架 MUI。因此对于前端开发而言，是有其他的选择的，MDL 并不是唯一的 Web 开发框架。
>
> 对于设计师而言，我们要懂得这些框架，是因为我们的设计每时每刻都在跟着代码和国际的步伐走，UI 界面应该是一个综合性的东西，不应该被设计师独立出来。了解一些框架，能够针对性地提高处理 UI 细节的能力，也能扩充思维。

● 网格系统

网格系统对于我们来说，已经不再陌生，MDL 依然提供了 12 列的网格，和 Bootstrap 网格的区别在于，它并没有指定一个固定不变的容器的安全宽度，以及每一列的沟槽间距是 16 像素（Bootstrap 是 30 像素）。要注意的是，MDL 的响应式断点包含了 480 像素、600 像素、840 像素、960 像素、1280 像素、1440 像素和 1600 像素。图 8-11 为 MDL 的一个网格运用示意图。

图 8-11

在设计界面或前端开发过程中，设计师可以根据需求指定一个安全宽度。案例中使用了 1200 像素作为页面的安全宽度，文档宽度为 1920 像素，整体的网格系统示意图如图 8-12 和图 8-13 所示。至于首屏和其他与网格相关的设计，大家只要参考本书前面的内容即可，设计原理都是一样的。

图 8-12

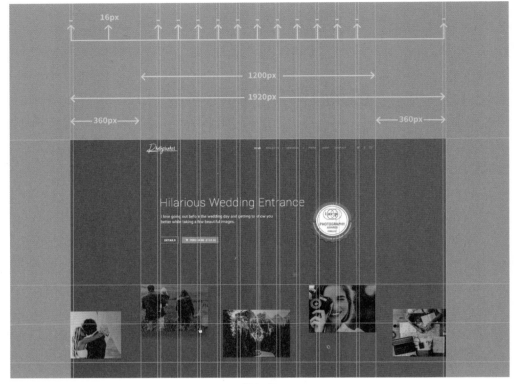

图 8-13

虽然 MDL 提供了比较完善的响应式断点，但它并没有指定一个固定不变的安全宽度，往往在前端开发中，需要有一个最外围容器的安全宽度。自定义这个宽度非常容易，使用下面的 CSS 代码即可。示例代码定义了一个 1200 像素的安全宽度。

```
.custom-container {
    max-width: 1200px;
    width: calc(100% - 16px);
    margin: 0 auto;
}
```

● 按钮

按钮是网页中非常常用的一种元素，MDL 的按钮状态、形态、大小、间距、高度和字体属性都有一个固定的参考值，如图 8-14 所示。当然在具体的项目中，并不代表只能使用此风格的按钮，MDL 提供的按钮具有人性化的动态和交互效果，因此它在表达上也具有一定的内涵。大家可以浏览 Google Material Design 的官方文档（并非 MDL 文档），里面附带了很多在移动设备下的动感的交互视频，通过官方的视频演示，可以更好地了解 Google Material 这门设计语言。

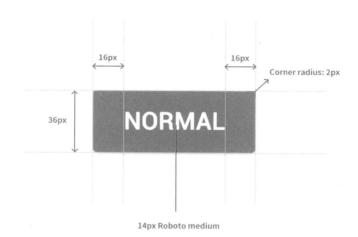

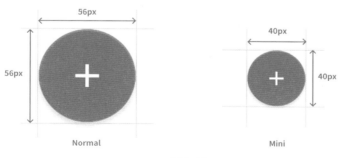

图 8-14

案例中不同的模块运用了不同的按钮，更恰当地显示出了其不同的层级关系。部分按钮经过自定义的 CSS，修改了阴影和状态颜色，这是为了更好地与整体风格背景融合。我们在设计时也不要过于死板地套框架，而是要学会灵活运用框架，做出更加趋于人性化的设计。在设计按钮时，要结合现实生活去考虑，注意按钮的状态——是平放的凸起的还是漂浮的，注意控制按钮产生的阴影，如图 8-15 所示。

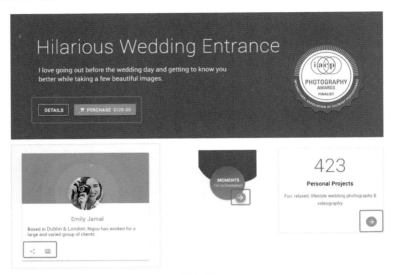

图 8-15

● 卡片

卡片作为一种数据展示方式，能够更加合理地布局烦琐的信息，如照片、可变长度的文本、链接、按钮等元素。卡片是一种非常直观的布局，使用合适的阴影表现出其在一个底面上的高度关系。图 8-16 所示即为一些卡片的呈现方式。

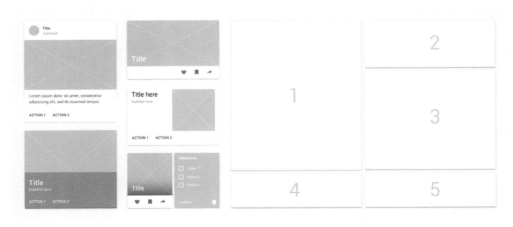

图 8-16

案例在页面的中间部分使用了一个个人信息卡片，用来缓解整个紫红色页面的紧张氛围，同时突出网站作者的个人信息。页脚区域使用的卡片用来"促销"作者，提高用户响应的可能性。这两个卡片有互相呼应的特点，并且使用了对比较强的颜色来拉开这两个卡片在页面中布局的层次感，它们展示的都是摄影师本人的信息，如图 8-17 所示。

图 8-17

● 列表

列表用于重复、规律的可滚动的信息展示，在网页中的运用也是非常普遍的。MDL 提供了图标、文字、图像、表单控件等列表组合，能够满足不同的项目需求。图 8-18 所示是官方提供的一些列表形式，大家在设计时可以作为一个参考。在制作列表时，设计师一定要注意处理好各个元素的对齐关系和间距，充分利用 MDL 的统一沟槽宽度 16 像素来控制这些布局。

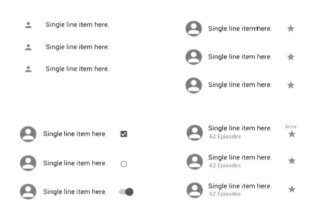

图 8-18

列表可以用于任何需要规律排列的信息模块，以便让用户快速进行信息检索。页脚部分的卡片中使用了列表的形式来呈现网站作者的联系方式，显得清晰、简洁有序，如图 8-19 所示。

图 8-19

- 表单

表单的重要性就不重复多说，它作为信息交互的入口，往往承载着简单或复杂的信息传递需求。MDL 常用的表单组件风格如图 8-20 所示，默认情况下是描边宽度为 1 像素的线条，当焦点位于文本框或文本域时，线条有一个伸缩的动画，宽度变为 2 像素，并且表单的文本标签也有相应的交互动画。大家可以去访问 MDL 官网，在线体验其默认的表单组件。

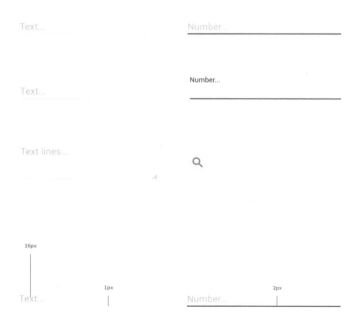

图 8-20

网站订阅部分设计了一个表单入口，使用与背景相融合的方式，搭配图标和按钮，同时使用默认的 MDL 表单风格，如图 8-21 所示。表单的设计往往可以非常多样，搭配图标、按钮、占位文本甚至无文本的优良的交互动画、表单反馈提示等，设计并不一定要完全墨守成规。学会举一反三，运用 Material Design 有效的设计原则，学会处理各个 Web 元素的细节，甚至学会衍生，相比单纯学习本章的技巧运用来说更加重要。

图 8-21

- ● 其他

　　本章以一个摄影师个人网站为例，讲解了 Material Design 的部分原则和理念的运用。当然，Material Design 的体系是非常完善的，内容也非常丰富，MDL 的内容体系也远不止本章提到的这些，还有组件，以及导航菜单、动画、加载动画、选项卡、表格、常用布局、切换开关、提示等。官方也会不断地更新和升级这些组件，由于并不是每一个页面都会使用到，因此在设计时要选择性地使用。总之，达到目的即可。

　　这一章的内容学起来其实还是比较轻松的，如果前面几章的基础打扎实了，学习本章自然而然会有思考概括的能力。如果本书前面的内容还不扎实，建议返回去巩固。Material Design 是一种全新的设计理念和视觉设计语言，了解它会让设计师们得到一些额外的收获。至此，本书的知识讲解就结束了，最后我们还需要做一个小练习。最后一章，我们将放松放松，丢下手里的软件，丢下繁重的任务，去思考、挖掘 Web 的衍生价值。

8.3 MDL 基础自测

第 7 章我们已经完成了一个完整的个人主页设计，通过第 8 章的 Material Design Lite 部分基础规范的学习与运用，反思完成的个人主页，结合本章所学知识，对个人主页做一个 Material Design 风格的改版。

测试时间：

3 天内。

测试内容：

灵活使用本章的 MDL 知识，对已经完成的个人主页 UI 做一个 Redesign，对原页面进行一个重构。可以对按钮、色彩、阴影、字体、表单等元素进行重新设计。可以在原 PSD 的基础上修改，也可以单独设计一个新的 PSD。

要求：

1. 能够筛选和理解 MDL 中的 Web 设计规范。

2. 学会对一个项目举一反三，不仅仅是在设计规范和用户体验层面，还可以对新的理念，以及趋势和风格方面进行更深入的思考与探索。

O9

Web设计师的
个人修养

9.1 寻找学习动力与兴趣点

9.1.1 探索设计趋势

前面 8 章已经教给了大家应对一些具体项目的思路方法和软件技巧，也提供了一些具有较高参考性的设计规范和用户体验常识。本书的核心知识讲解到这里就全部结束了。大家在学习这些内容时，不要被一些"理论"和"技巧"束缚，要争取做到具体问题具体分析，结合自己的一些方式方法、本书没提到或很少提及的一些知识点，灵活使用，熟能生巧。

再次提醒大家，如果已经阅读到本章，还不能够完全理解本书的知识体系，或者不懂如何运用本书中的的一些软件操作方法，很可能是因为粗心大意，没有认真阅读书中的每一段话。书中的每一字、每一句，都是笔者推敲出来的，表述上都很直白。少量文字需要大家在实际的运用过程中不断巩固才能够完全理解和掌握。因此，如果你还不能完全学懂本书的内容，也别着急，回过头去多看几次，多跟着书操作，多参照本书附赠的下载资源，多实践、多思考。当然，想要在此行业获得一定的成就，光靠读书是远远不够的，还需要在社会环境中积累一定的项目经验。

本章主要是从笔者个人的角度出发，给大家普及一些社会常识和职场经验，让大家试着找到自己的兴趣点，增强对 Web 设计的热爱，从而找到一些学习方法。任何人都不能凭借这本书的知识来发家致富，但是它可以让你在职场中得以进步，找到一些梦想或目标。然而，本书的作用是有一定时效性的。显然，互联网发展是非常快的，设计和开发也是不断迭代更新的，技术永远是学不完的。未来某一天，你肯定会发现一些更加高效的学习方法，甚至比笔者分享的更有价值。然而这些发现都有一个基本前提，就是学无止境。回到正题，一个非常有效的提高学习兴趣、提高对 Web 设计的兴趣的方法，就是学会自己探索一些设计趋势。这些趋势不能够只限定在我国，你需要想方设法跨出国门，学习和了解更多的先进知识和理念，学习西方文化，了解更多优秀设计师的所做所想。大家千万别误认为笔者说的意思就是叫你出国。学习国外，有太多的途径和方法，当然如果有条件，出国走一走，体验不同的学习环境和工作环境，也是很不错的。那么我们应该从哪些方面去探索 Web 的设计趋势呢？下面，给大家列出一些条目做参考。

· 组件和插件。学会灵活利用互联网资源，提高项目的设计和开发效率。根据自身能力，也可以创造一些需要的组件或插件。

· HTML5 新技术。如虚拟现实、3D、硬件接口、手势操作等。

· 新颖的交互体验方式。如横幅广告的关闭按钮的体验、注册表单的用户引导、APP 的登录页等。

· 行业趋势。不同的行业领域（制造业、医疗、房地产、作家、社区、开发等），会有很多新的设计风格和行业创新，找到这些突破口设计有创意的项目。

· 质量标准。无论你是否从事本行业，都要保持正确的价值观，要时刻注重项目的质量和它的价值，一定不要忘了初心，一味追求数量和金钱，放弃你对 Web 感兴趣的初衷。

・字体。操作系统每升级一次，都会有一些字体上的改善或新增字体。在互联网圈子中，也会浮现很多第三方字体，利用好这些新颖的字体，可以提升你的项目灵活性。

・色彩。色彩是比较保守的东西，互联网发展的某一些阶段、人们生活改善的一些阶段，都会有一些色彩的趋势。找到这些趋势，大胆地创造丰富多彩的 Web。

・Web 运营模式。学习，或许是为了工作；工作，或许也是为了新的学习。你在生活中，势必会发现一些新颖的 Web 商业模式或运营模式，能够给你自己的项目带来额外的商业价值和娱乐价值。

・市场的探索。任何设计或开发，都必须找到属于它的细分市场，要研究什么人需要你的设计、什么人会买单、适合什么行业、使用群体范围有多广等，包括一些未被发现或还处于蓝海状态的市场空间。

・其他。更多的趋势探索，需要自己在学习和实践中不断去发现，就不再一一举例。

9.1.2 建立个人网站

本书第 7 章详细分析了一个个人网站从零到诞生的过程。作为互联网行业从业者，无论你是专业的 Web 设计师，还是业余爱好者或兼职设计，甚至是一名作家或插画师，你都应该拥有一个独立域名的个人网站。它就像你的孩子，陪伴你一生，带给你无数的精彩和可能性，同时它也是你营销宣传的一个重要通道。

我们不要将个人网站当做是一个纯盈利的或具有明显目的性的工具，而是要将它当作自己的伴侣，创造它、经营它、改善它。个人网站会从最实际的层面，大大提高你对 Web 设计的兴趣和持续学习的动力。不要将所有的东西，都依托于第三方提供的博客或信息发布平台，而是要学会利用这些平台资源，有效结合自己的个人网站，不断提高自己的分析总结能力。总之，个人网站并不会像大多数人认为的那样没有实际价值，一个产品是否优秀，要靠市场来验证；一个个人网站对你有多大价值，要靠你自己去发掘和体会。

下面，我们再说说成本的问题。很多时候一旦提到钱，大家就觉得做个人网站纯属浪费，或者没办法一直经营下去。确实，如果你的网站越做越好，你每年花的成本、时间和金钱都会相应地增加。在上线一个个人网站前，你一定要考虑清楚自己是否有决心、毅力去运营和维护它。说到成本，你只要每年少抽几条烟，少玩几次 KTV，少在一些没有太多意义的事情上消费，那么你就可以将最基础的域名和服务器成本节约下来了。当然，根据你自身的需要，网站成本有一个非常大的区间，可以少到一个披萨的价格，可以多到一个铺面的租金。所有的东西，都应该量身定做，学会自己衡量自己的需求，是每一个设计师或开发者都应该具备的能力。

9.1.3 跨行业体验

什么是跨行业体验呢？说简单一点儿，就是 Web 在不同行业和领域中可以有不同的应用和体验机会。或许有很多人关心这样一些问题：如果我从事专业的 Web 设计或开发，我能否坚持 5 年、10 年甚至更久？如果坚持了那么久，是否会因为市场的变动、个人能力不足而被社会淘汰？我是否该转行？如果转行，能否继续找到合适的工作，能否很好地生存下去？这些问题经常会在各个行业的设计师脑子中浮现，特别是从事 Web 领域的设计师。因为 iOS 和 Android 开发，在某些领域已经深深冲击了网页设计市场，但并不是绝对的，它们之间也不是互相排斥的。不同语言有各自的应用领域和优势，有时不同的语言在不同的方向上会有无可替代性。网站是一种原生产物，它的历史非常悠久，也是互联网时代必不可少的一种工具。所谓行行出状元，行行都会有一本难念的经。就看你如何寻找这些衔接点，如何挖掘它的价值、寻找它的可持续发展的市场。如果你真的担心你目前所做的学习或工作是白费的，你可以干脆从一开始就不去接触它。但是，人生充满未知，没有人能预测到自己选择的事物是否真的有价值或无价值，只有亲身经历，你才有资格去选择更多。

那么 Web 到底能够在哪些领域发挥其价值呢？大家可以回过头看本书"1.4 学习目标"的内容。假如真的"转行"了，学习 Web 还有立足之地吗？根据笔者的经验，Web 的市场是非常大的，当然笔者指的是全球市场，而不是仅仅圈在我国的这一小块市场。不同国家、行业、城市、公司及不同的人之间都会存在一些互补和竞争关系，然而，这些复杂的社会因素，往往不是靠经验和阅读就能够解决的。笔者并没有能力去概括总结这些随机因素来作为参考，笔者只能够告诉你，无论你是从事 Web 设计开发、APP 还是自己做生意开公司等，你都会遇到以上所有的问题，解决这些问题的唯一方法就是亲身经历。没有人可以完全复制另一个人的经验和经历，既然你选择阅读这本书，笔者就诚恳地告诉你，你所看到的，我们大家所看到的，都只是 Web 的一小部分，还有很多东西需要我们去探索和学习。你准备好了吗？永远要学习！

9.2 赚取第一桶金

单纯的学习是无趣的，也是无动力的。在笔者看来，有利益趋向的学习才是最高效的。这句话并不是贬义的，任何人都要想方设法在社会上生存，很多人学习一门技术，或者找一份工作，都是为了能够独立生存下去。假如一个人连生存的能力都没有了，很可能在其他事情上也不能够持续太长时间。笔者选择 Web 这个行业，不仅是因为笔者找到了它的趣味性，找到了适合笔者的方向，还因为它能够解决笔者的生存问题。但是笔者那么费尽心血去研究这个领域，并不是单纯为了挣钱，很多时候笔者在寻求一种生活和时间上的自由。而且这份工作能够带给笔者非常多的成就感，这是其他一些行业很难实现甚至是无法实现的自由。

笔者并不是说 Web 设计有多么的好，每一个行业、每一种职业，都会需要非常艰辛的付出。做出选择，是每一个人应有的权利。对于一个有一些经验的人来说，Web 行业能够有非常多的方式来获得生存机会。这个行业绝对不仅限于通过外包来获得生存机会，很多市场机遇都需要根据不同的人的情况进行不同方向的探索。与此同时，这个行业的压力也可能让你失去动力失去信心，这些都是比较偏向个人主义的问题，没有必要过多担心。每一个人都需要发现自己的需求和擅长的领域，这是一个漫长的过程，没有捷径。只有不断地努力和学习，不断付出，才会有收获。当然，还需要理智地选择。如果你是一个新人，应继续读完这部分内容。当然，有经验的设计师可以选择跳过这部分内容。

凭借 Web 技术得到生存机会的方式相当多，你可以研发产品，可以做外包，可以做网站运营销售，可以成为某某公司的核心力量，可以做顾问咨询，可以做远程服务，可以做教育培训等。拥有 Web 技能，对人生还是具有很大的意义的，但最主要的是要想方设法找到自己的兴趣点，别被现实社会和金钱牵着鼻子走。大家从第 1 章就可以了解到一些职业上的需求。如果你是一个还没有正式踏入职场或有少量职场经验的新人，并且已经基本学会了这本书的内容（掌握这本书的内容，需要大量的实践积累，一口气是无法吃成胖子的），那么你可以参考下表去赚取你的第一桶金（有工作经验的设计师可以根据自己的自身状况做一个参考了解）。

表 威客、众包、外包和远程办公等的优缺点分析及应对建议

	优点	缺点	应对建议
威客（新人推荐）	1.门槛低，有无数的客户源，交易频率高 2.支持任何行业，只要有一技之长，就有容身之地 3.资金有托管，减少受骗概率	1.客户质量非常不稳定（需要自己去把控），价格竞争恶劣，同行竞争手段多样，需要参与竞稿 2.容易飞机稿（即项目没有被客户采纳），造成各种成本的浪费	1.有至少一个擅长的技术，技术扎实 2.有一定英文水平，尝试使用国外的威客平台 3.没有良好英文水平仅从事国内威客的人，可以将威客当做一个短时间的磨炼，不建议长期性投入
众包	1.利用了集体智慧来研发产品，有机会与不同岗位、拥有不同技能的人协作，容易提高自身综合能力，不仅仅是设计开发技能 2.有良好的流程控制系统，能够提高交付能力，降低项目烂尾率 3.容易对症下药，找到你擅长的工作	1.项目风险高，版权问题众多，人员及项目隐私难以把控 2.项目管理相对复杂，一般需要借助优质的第三方众包平台	1.有至少一项比较精通的技术 2.多方位选择靠谱的众包平台 3.有一定的在职经历和团队协作能力 4.有一定的市场分析能力
外包	1.客户多样化，任务需求多样化，签单渠道多样化。能够多方位评测项目的可行性和兴趣程度 2.当你具备较强的能力和影响力时，客户源会比较多，而且客户主动性较强 3.时间容易规划，可以不受第三方的约束	1.根据沟通能力的不同，可能造成资金周转滞后 2.需求可变性大，容易造成双方情绪和理解上的冲突 3.针对不同的项目，沟通和协作可能会相对复杂，不容易把控进度，容易造成更高的项目烂尾率 4.外包渠道多样，客户质量参差不齐 5.需要具备非常强的自制力和学习能力 6.后期服务问题较多 7.在技能不足以胜任复杂项目时，可能需要团队支持	1.至少具备两年以上职场经验 2.有扎实的技能功底，有良好的沟通和谈判能力 3.具备挖掘市场、自我营销的能力 4.有良好的综合能力，不仅限于一项擅长的技术 5.有长期学习精神 6.非常强的抗压和自制力 7.不建议长期性投入

	优点	缺点	应对建议
远程办公	1. 便利的远程工作软件（如 Slack），地点和时间相对自由 2. 结算方式多样，可以按小时或天数结算，也可以按照项目结算 3. 项目灵活性强，容易接触到优秀的团队，能够得到更多与优秀公司接触的机会	1. 协作相对复杂，团队约束力问题较多 2. 个人的办公地点和办公环境没有很好的标准 3. 对技术和沟通技能的要求比较高 4. 需要具备非常强的自制力和学习能力	1. 包含所有应对"外包"的建议（除了最后一条） 2. 学会使用各种远程工作软件和协作工具，了解一些常见的工作方法，如敏捷开发、A/B 测试、Git、SVN 3. 建议具备良好的英语能力 4. 熟悉项目流程，能够灵活进行项目迭代、测试
其他	找一份门槛稍低（不一定完全对口）的工作，通过社交网络获得机遇，参与某些能够提供职业和项目机会的社区平台等。根据不同的国家和市场需求，有非常多的渠道，这些都需要根据自身情况去探索去发现		

提示： 无论是威客、外包、众包还是远程办公，甚至是在公司全职工作，它们之间都有紧密的联系，同时也有一定的区别。很多时候它们的工作方式都需要贯穿运用，不要将它们看得太过独立。扎实自己的技术水平，提高服务意识，在不断学习的同时，你还可以尝试各种不同的工作方法，体验不同的工作环境

上面表格中列出的条目，仅仅是针对无经验或有一定经验的（无业／兼职）新人。这些都是容易找到的相对来说比较有价值的赚钱渠道，当然不仅限于这些渠道，更多的是针对赚第一桶金的价值而言，它们能够给你带来一些意外的收获或成就感。相比一些技术含量较低的工作，它们能够让你在各个方面获得明显的进步，让你学习到一些在公司里学习不到的东西。是否能够通过上面的方式赚到第一桶金，最终还是需要靠自己，笔者只是就自己的经历给大家提供一个参考。如果方法不当，暂时还不能够通过上面的方式挣到自己的第一桶金，没关系，可以找一份合适的工作，跟着团队不断学习。一定记住，无论你做什么，都必须端正态度，认真对待接纳你的人、客户或公司团队。只要努力，多做、多想、多总结，你就很有可能通过上面的这些"极端"方法赚到自己的第一桶金。

9.3 自学技巧

每个人的学习方法和学习态度都不一样，有的人适合去专门的机构培训学习，有的人适合有一个老师指导，有的人适合强迫性的自学，有的人适合利用琐碎的空余时间散漫地学习。笔者并没有参加过任何培训班，也没有过任何老师，自学和寻找"老师"一直是适合笔者的学习方法。笔者所寻找的"老师"可以是图书，可以是同事、上司老板、不同行业的朋友、远程工作的网友，还可以是自己归纳总结的一些知识。总而言之，"项目"就是你最好的老师之一，你只有利用市场、用户去验证你的成果，才能准确找到你的优缺点和目标方向。下面，就一些比较明确的可以提升 Web 设计能力的方法做一个推荐。这些推荐内容可以让你对 Web 设计有更深层次的理解和运用，让你得到一些更加有趣的设计能力，找到一些关于 Web 梦想和目标的机会。无论你是一个新手，还是一个有数年经验的设计师，任何时候你都可以利用空余时间不断学习、扩展知识、弥补自己的不足。笔者用简单、直观的语言，快速将这些扩展知识列成条目，方便大家学习参考。

美术相关专业理论知识学习

· 素描的三大面、五大调子：亮面、灰面、暗面；高光、中间色、反光、明暗交界线、投影。

· 色彩基础常识：明度、饱和度、色相、色彩心理学、相似色、对比色、单色、暖色、冷色、三原色等。

· 构图：三角构图、放射构图、对角线构图、水平构图等。

· 透视：一点透视、二点透视、三点透视、真实透视、等角透视、视平线、作图法。

· 速写：线条（曲直、浓淡、虚实、长短、粗细）。

· 其他：如人体结构、静物素描、风景素描、石膏画、水彩、油画等。

基础绘画能力训练

· 静物素描、人物素描（可选）、风景素描（可选）。

· 静物速写、风景速写（可选）、人物速写（可选）。

· 色彩搭配（水粉、水彩、丙烯颜料等）、软件配色技巧的训练。

英文应用能力

· 能够阅读常见的英文文档。

· 有一定的词汇量，能够阅读与设计开发相关的英文文章，能够阅读英文教程。

· 其他方面的英文能力根据个人的职业需求而定。

适当学习其他领域的文化和专业知识，提高综合能力

· 摄影相关知识（布光、后期等）。

· 平面设计（字体、排版、色彩等）。

· 插画（不同风格图标的绘制等）。

· 心理学（设计心理学等）。

· 软　件（Adobe Dreamweaver、Adobe After Effects、Adobe Experience Design、Principle 等）。

· 其他。

了解并学习简单的 Web 前端知识

（注意：这些知识都是互相贯穿、并存的，不是独立的。）

· HTML（曾经常用的 HTML4）。

· HTML5。

· CSS2。

· CSS3。

· JavaScript。

· jQuery。

· Bootstrap。

· 其他。

　　上面介绍的都是理论知识层面的东西，自学 Web 还需要一些感性方面的东西，如通过一些网站或平台，通过观察平时的生活去寻找灵感。有些时候，看得少了，思维自然就会被局限，闭门造车不可取。但是设计师也很容易陷入到一个"灵感束缚"中，一旦你没有参考或没有灵感，你就无法动工，这也是要尽量克服的一种学习困境。没有什么好的办法和捷径，只有不断尝试去改变自己。

　　学习是乏味的，也是有趣的。笔者真心希望，本书能够让你快乐地学习 Web 设计，能够让你找到属于自己的 Web 设计方向。当你拥有了设计师对生活情趣的捕捉能力和态度时，你离成功已经不远了！

编后语

感谢选择这本书的每一位读者，希望通过本书，能够让你找到学习的乐趣，找到人生的梦想。Web 设计其实是非常有趣的，就看每一个人是如何看待它，如何和它做朋友。如果单纯是为了谋生，或者单纯为了工作，那 Web 只会让你慢慢失去持续学习和研究的动力，你会慢慢变成一个工作机器，甚至到最后可能选择转行。生存的压力是巨大的，Web 设计师应该使 Web 成为你的人生伙伴，而不仅仅是工具，它可以带给你无数的可能性：梦想、成就感、个人品牌、工作机遇等。

每一种行业都会有其分化性，敢于探索敢于学习的人学习和使用一门技能，永远都是快乐的；安于现状、没有进取精神、没有梦想的人，手里的技能可能永远都是一种枷锁。每一个人都会有属于自己的生活方式，也许你喜欢简单、安静，也许你喜欢喧嚣、繁华，我们不应该相互比较和攀比，因为并没有太多的价值。如果能想方设法找到学习 Web 的兴趣，摸索到产生可持续性的商业价值的方法，你就可以不断地进行探索和自我总结。Web 对于特定的地区或群体而言，也许会是一片红海，但是对于你不知道的或没有亲身经历过的领域，它其实有很大一片蓝海。选择什么样的方式去面对 Web，完全在于你的实际行动，而不是靠几本书、几个平台、几个导师或几个不错的公司就能解决的。当然，环境也是影响 Web 和个人发展的非常重要的因素，我们也要慢慢学会寻找合适的利于发展的环境。

希望阅读完本书后，你能找到一个属于自己的 Web 新天地！